基礎會計

惠亞愛 主 編
周 潔、張炳紅、劉 穎、齊心竹 副主編

財經錢線

前 言

本書層次清晰、簡明扼要、語言通俗，緊密結合企業實例來闡釋，注重技能訓練和實際操作，使讀者更易理解和掌握。

本書由惠亞愛教授統稿並編寫了項目一和項目四； 陝西郵電職業技術學院的周潔老師編寫了項目五和項目六；陝張炳紅老師編寫了項目二；劉穎老師編寫了項目三。

在編寫過程中，我們徵求了部分企業領導和財務人員的建議和意見，在此表示衷心的感謝。

由於編寫時間倉促，實踐經驗有限，書中難免存在錯誤與不足，懇請讀者予以諒解，同時能夠提出寶貴意見。

惠亞愛

目 錄

項目一 認知會計與會計職業 ……………………………………………… (1)
  任務一 認知會計 …………………………………………………… (1)
    一、會計的含義 …………………………………………………… (2)
    二、會計的職能 …………………………………………………… (2)
    三、會計的目標 …………………………………………………… (3)
    四、會計的特點 …………………………………………………… (3)
    五、會計的對象 …………………………………………………… (4)
    六、會計的要素 …………………………………………………… (4)
    【技能訓練】 ………………………………………………………… (7)
  任務二 會計基本準則 ……………………………………………… (8)
    一、會計基本假設 ………………………………………………… (9)
    二、會計信息質量要求 …………………………………………… (10)
    三、會計核算基礎 ………………………………………………… (10)
    【技能訓練】 ………………………………………………………… (11)
  任務三 會計核算方法 ……………………………………………… (12)
    一、會計核算方法 ………………………………………………… (12)
    二、會計循環基本流程 …………………………………………… (12)
    【技能訓練】 ………………………………………………………… (13)
  【項目總結】 …………………………………………………………… (14)

項目二 運用借貸復式記帳法 ……………………………………………… (15)
  任務一 理解會計恆等式 …………………………………………… (15)
    一、資產、負債和所有者權益的關係 …………………………… (16)
    二、收入、費用和利潤的關係 …………………………………… (18)
    三、六大會計要素之間的關係 …………………………………… (18)
    【技能訓練】 ………………………………………………………… (19)
  任務二 熟悉會計科目 ……………………………………………… (19)
    一、設置會計科目的意義 ………………………………………… (20)
    二、會計科目的名稱 ……………………………………………… (21)
    三、會計科目的種類 ……………………………………………… (24)
    【技能訓練】 ………………………………………………………… (26)

任務三　掌握會計帳戶的內容及其關係 ··· (27)
　　　　一、會計帳戶與會計科目的關係 ··· (27)
　　　　二、會計帳戶的基本結構 ··· (31)
　　　　三、會計帳戶記錄的內容及其關係 ·· (31)
　　　　【技能訓練】 ··· (31)
　　任務四　掌握借貸復式記帳法 ··· (32)
　　　　一、記帳方法 ··· (32)
　　　　二、借貸記帳法的記帳符號 ··· (33)
　　　　三、借貸記帳法下帳戶的分類 ·· (34)
　　　　四、借貸記帳法的記帳規則 ··· (36)
　　　　五、借貸記帳法的應用——會計分錄 ·· (38)
　　　　六、借貸記帳法的試算平衡 ··· (39)
　　　　【技能訓練】 ··· (42)
　　【項目總結】 ·· (43)

項目三　運用借貸記帳法進行工業企業業務核算 ······································· (44)
　　任務一　籌集資金的核算 ·· (44)
　　　　一、投入資本的核算 ··· (45)
　　　　二、借入資金的核算 ··· (48)
　　　　【技能訓練】 ··· (51)
　　任務二　供應過程的核算 ·· (51)
　　　　一、供應過程的主要經濟業務 ·· (51)
　　　　二、固定資產的核算 ··· (54)
　　　　三、材料採購的核算 ··· (56)
　　　　【技能訓練】 ··· (57)
　　任務三　生產過程的核算 ·· (58)
　　　　一、生產費用與成本 ··· (58)
　　　　二、生產費用的發生與歸集的核算 ··· (59)
　　　　【技能訓練】 ··· (65)
　　任務四　銷售過程的核算 ·· (66)
　　　　一、銷售過程業務的主要內容 ·· (66)
　　　　二、帳戶的設置 ··· (66)
　　　　三、銷售過程業務核算的應用 ·· (70)
　　　　【技能訓練】 ··· (72)
　　任務五　利潤形成和利潤分配的核算 ··· (72)
　　　　一、財務成果的含義 ··· (73)
　　　　二、利潤的構成與分配 ··· (73)
　　　　三、帳戶的設置 ··· (74)
　　　　四、財務成果業務核算的應用 ·· (79)
　　　　【技能訓練】 ··· (81)

【項目總結】……………………………………………………………（81）
【項目綜合練習】………………………………………………………（82）

項目四　填制和審核會計憑證…………………………………………（83）
任務一　認識會計憑證………………………………………………（83）
一、會計憑證的作用……………………………………………（83）
二、會計憑證的種類……………………………………………（85）
【技能訓練】……………………………………………………（86）
任務二　填制和審核原始憑證………………………………………（86）
一、原始憑證的基本內容………………………………………（87）
二、原始憑證的填制要求和填制方法…………………………（89）
三、原始憑證的審核……………………………………………（90）
【技能訓練】……………………………………………………（90）
任務三　填制和審核記帳憑證………………………………………（95）
一、記帳憑證的主要內容………………………………………（95）
二、記帳憑證的填制要求和填制方法…………………………（97）
三、審核記帳憑證………………………………………………（98）
【技能訓練】……………………………………………………（100）
任務四　會計憑證的傳遞與保管……………………………………（119）
一、會計憑證的傳遞……………………………………………（119）
二、會計憑證傳遞的意義………………………………………（119）
三、會計憑證傳遞的要求………………………………………（120）
四、會計憑證傳遞的程序和方法………………………………（120）
五、會計憑證的保管……………………………………………（120）
【項目總結】……………………………………………………………（121）

項目五　登記會計帳簿…………………………………………………（122）
任務一　認識會計帳簿………………………………………………（122）
一、會計帳簿及其種類…………………………………………（123）
二、會計帳簿的啟用與登記規則………………………………（124）
【技能訓練】……………………………………………………（125）
任務二　登記日記帳…………………………………………………（126）
一、普通日記帳的格式和登記方法……………………………（127）
二、特種日記帳的格式…………………………………………（127）
三、現金日記帳的登記方法……………………………………（128）
四、銀行存款日記帳的登記方法………………………………（128）
【技能訓練】……………………………………………………（128）
任務三　登記總分類帳和明細分類帳………………………………（129）
一、明細分類帳的格式…………………………………………（130）

二、登記明細分類帳的方法 ……………………………………（131）
　　三、總分類帳的格式 ……………………………………………（131）
　　四、登記總分類帳的方法 ………………………………………（132）
　　五、總帳與明細帳的平行登記 …………………………………（136）
　　【技能訓練】……………………………………………………（138）
　任務四　對帳 ………………………………………………………（141）
　　一、對帳的內容 …………………………………………………（142）
　　二、對帳的方法 …………………………………………………（142）
　　三、財產清查 ……………………………………………………（143）
　　【技能訓練】……………………………………………………（150）
　任務五　更正錯帳 …………………………………………………（151）
　　一、劃線更正法 …………………………………………………（151）
　　二、紅字更正法 …………………………………………………（152）
　　三、補充登記法 …………………………………………………（153）
　　【技能訓練】……………………………………………………（154）
　任務六　結帳 ………………………………………………………（159）
　　一、結帳程序 ……………………………………………………（160）
　　二、結帳方法 ……………………………………………………（160）
　　【技能訓練】……………………………………………………（161）
　【項目總結】………………………………………………………（161）
　【項目綜合練習】…………………………………………………（162）

項目六　編制會計報表 …………………………………………………（165）
　任務一　認識會計報表 ……………………………………………（165）
　　一、會計報表及其種類 …………………………………………（166）
　　二、會計報表的編制原則 ………………………………………（167）
　　【技能訓練】……………………………………………………（167）
　任務二　編制資產負債表 …………………………………………（168）
　　一、資產負債表的結構和內容 …………………………………（169）
　　二、資產負債表的編制方法 ……………………………………（170）
　　【技能訓練】……………………………………………………（171）
　任務三　編制利潤表 ………………………………………………（173）
　　一、利潤表的結構和內容 ………………………………………（173）
　　二、利潤表的編制方法 …………………………………………（174）
　　【技能訓練】……………………………………………………（175）
　【項目總結】………………………………………………………（176）
　【項目綜合練習】…………………………………………………（176）

項目一 認知會計與會計職業

【學習目標】
- 掌握會計的概念
- 掌握會計的職能
- 瞭解會計的目標
- 掌握會計的對象
- 掌握會計核算的基本假設和會計信息質量要求
- 掌握會計的核算方法

【技能目標】
- 能夠概括會計工作性質、工作內容、工作過程和主要工作載體
- 能夠從會計的角度理解企業發生的各項經濟業務

任務一 認知會計

【任務引入】

什麼是會計？你覺得會計在經營上應該發揮什麼作用？如果讓你來談談什麼是會計，你會怎麼說呢？

任務1：瞭解會計的概念和特點。
任務2：認識會計在經營上發揮的作用。
任務3：瞭解會計的研究對象。

【任務分析】

會計是為了適應人們對生產經營活動進行管理的客觀需要而產生的，並隨著加強經濟管理、提高經濟效益需求的要求而發展。會計在企事業單位中起到重要的經濟管理與促進的作用。那什麼是會計？在企業日常管理中起到什麼作用呢？本項目將以下述企業為例帶大家瞭解會計與會計職業。

某學院會計專業甲同學畢業後選擇了自主擇業，又有乙、丙兩位同學希望加入，所以三

人分別在家庭支持的情況下合夥出資興辦了一個華苒公司，華苒公司於 2014 年 1 月末各項目餘額如下：

（1）出納員處存放現金 1,700 元；
（2）存入銀行的存款 2,939,300 元；
（3）投資者投入的資本金 13,130,000 元；
（4）向銀行借入三個月的借款 500,000 元；
（5）向銀行借入三年期的借款 300,000 元；
（6）原材料庫存 417,000 元；
（7）生產車間正在加工的產品 584,000 元；
（8）產成品庫存 520,000 元；
（9）應收外單位產品貨款 43,000 元；
（10）應付外單位材料貨款 45,000 元；
（11）對外短期投資 60,000 元；
（12）公司辦公樓價值 5,700,000 元；
（13）公司機器設備價值 4,200,000 元；
（14）公司運輸設備價值 530,000 元；
（15）公司的資本公積金共 960,000 元；
（16）盈餘公積金共 440,000 元；
（17）外欠某企業設備款 200,000 元；
（18）擁有某企業發行的三年期公司債券 650,000 元；
（19）上年尚未分配的利潤 70,000 元。

根據以上記錄的情況，你認為甲同學應該怎麼做才能把帳算清楚？

【相關知識】

會計的基本概念、基本職能、會計目標、會計的研究。

一、會計的含義

會計是以貨幣為主要計量單位，運用專門的方法，對企業、行政事業等單位的經濟活動進行全面、綜合、連續、系統的確認、計量、報告和監督，向財務報告使用者提供有關的會計信息，並進行必要的經濟預測、分析和參與決策的一種經濟管理活動。

二、會計的職能

會計具有核算和監督兩種基本職能，所具有的參與經濟決策的職能是從核算和監督兩項基本職能中派生出來的，不屬於會計的基本職能。

（1）會計核算職能，是指會計以貨幣為主要計量單位，通過確認、計量、記錄、報告等環節，對特定主體的經濟活動進行記帳、算帳、報帳，為各方面提供會計信息的功能，主要採用貨幣形式，也可稱為會計反應職能。

（2）會計監督職能，是指會計人員在進行會計核算的同時，對特定主體經濟活動的合法性、合理性進行審查，會計監督貫穿於經濟活動的全過程，包括事前監督、事中監督和事

後監督。

①事前監督，主要是在參與編制各項計劃和費用預算時，依據國家的法律、法規和制度，對未來的經濟活動的可行性、合理性和合法性進行審查。

②事中監督，主要是在日常會計核算中，對於發現的問題提出處理建議，促使有關部門採取措施，調整經濟活動。

③事後監督，主要對已經發生和已完成的經濟活動的合法性和合理性進行檢查、分析、考核和評價。

> **知識連結**：會計監督的依據包括財經法律、法規和規章；會計法律、法規和國家統一會計制度；各省、自治區、直轄市財政廳（局）和國務院業務主管部門根據《中華人民共和國會計法》和國家統一會計制度制定的具體實施辦法或者補充規定；各單位根據《會計法》和國家統一會計制度制定的單位內部會計管理制度；各單位內部的預算、財務計劃、經濟計劃和業務計劃等。

會計核算與會計監督是相互作用、相輔相成的。核算是監督的基礎，沒有核算，監督就無從談起；而監督是會計核算質量的保證。

三、會計的目標

會計的目標，取決於會計資料使用者的要求，也受到會計對象、會計職能的制約。中國《企業會計準則》中對於會計核算的目標做了明確規定：會計的目標是向財務會計報告使用者提供與企業財務狀況、經營成果和現金流量等有關的會計信息，反應企業管理層受託責任的履行情況，有助於財務會計報告使用者做出正確的經濟決策。

上述會計核算的目標，實質上是對會計信息質量提出的要求。它可以劃分為兩個方面：

第一方面是滿足各方對企業管理層的監管需要。如資金委託人對受託管理層是否很好管理其資金進行評價和監督；工會組織對管理層是否保障工人基本權益的評價；政府及有關部門對企業績效評價和稅收的監管；社會公眾對企業履行社會職能的監督等。

第二方面是滿足相關團體的決策需要。如滿足潛在投資者投資決策需要；滿足債權人是否進行借貸決策需要等。

會計的目標是會計管理運行的出發點和最終要求。會計的目標決定和制約著會計管理活動的方向，在會計理論結構中處於最高層次；同時在會計實踐活動中，會計目標又決定著會計管理活動的方向。隨著社會生產力水平的提高，科學技術的進步，管理水平的改進及人們對會計認識的深化，會計目標會隨著社會經濟環境的變化而不斷進行調整。

四、會計的特點

（1）以貨幣作為主要的計量單位，將特定單位發生的各項經濟業務以貨幣為統一的計量單位進行匯總和記錄，但貨幣並非為唯一計量單位；

（2）會計擁有一系列專門方法；

（3）會計具有核算和監督的基本職能；

（4）會計的本質就是管理活動。

五、會計的對象

(一) 會計對象的含義

會計的對象是指會計所要反應和監督的內容。會計對象是社會再生產過程中能以貨幣表現的資金及其資金運動。凡是特定主體能夠以貨幣表現的經濟活動，都是會計核算和監督的內容，也就是會計的對象。以貨幣表現的經濟活動通常又稱為價值運動或資金運動。

(二) 會計的一般對象

社會再生產過程中發生的、能夠用貨幣表現的經濟活動，就構成了會計的一般對象。

由於企業、行政、事業單位的經濟活動的具體內容不同，經濟活動、資金運動的方式也不相同，具體的會計對象也不一樣。下面以工業企業為例說明其具體的會計對象。具體的資金運動程序可以分為資金投入、資金循環與週轉 (即資金的運用) 和資金退出三個環節。由於這三個環節所引起的各項財產物資和資源的增減變動情況及在生產經營過程中各項費用的支出和成本形成情況，構成了工業企業的具體對象，如圖 1-1 所示。

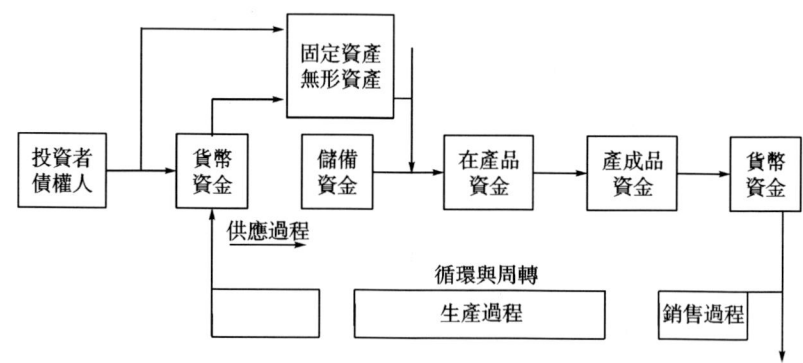

圖 1-1 工業企業的資金運動過程

六、會計的要素

(一) 會計要素的含義

會計要素是指對會計對象按其經濟特徵所作的分類，又稱為會計報表要素或財務報表要素。

(二) 會計六大要素

資產、負債、所有者權益、收入、費用、利潤。

前三者稱為靜態要素 (資產負債表要素)，後三者稱為動態要素 (利潤表要素)。

1. 資產

(1) 資產的概念：資產是指過去的交易、事項形成並由企業擁有或者控制的資源，該資源預期帶給企業帶來經濟利益。

(2) 資產的分類：按流動性分為「流動資產」「非流動資產」。

流動資產是指在一年或者超過一年的一個營業週期內變現或耗用的資產，主要包括貨幣資金、交易性金融資產、應收及預付款項、存貨等。

案例中屬於流動資產的有出納員處存放現金 1,700 元和存入銀行的存款 2,939,300

元等。

非流動資產是指不符合流動資產定義的資產，或者是超過一年變現、耗用的資產，通常包括長期投資、固定資產、無形資產和其他財產。長期投資是指不準備在一年內變現的投資，包括股票投資、債券投資和其他投資；固定資產是指使用年限在一年以上，單位價值在規定標準以上，並在使用過程中保持原來物質形態的資產，包括房屋、建築物、機器設備、運輸設備、工具器具等；無形資產是指可供企業長期使用、無實物形態而有較高價值的資產，包括專利權、商標權、著作權、商譽等。案例中屬於非流動資產的有價值5,700,000元的公司辦公樓和價值4,200,000元的公司機器設備等。

（3）資產的特徵：
①資產是由過去的交易、事項所形成的；
②資產是由企業擁有或控制的；
③資產是能為企業帶來經濟利益的資源。

2. 負債
（1）負債的概念：負債是指過去的交易、事項形成的現時義務，履行該義務預期會導致經濟利益流出企業。
（2）負債的分類：按流動性分為「流動負債」「長期負債」。

流動負債是指將在一年或者超過一年的一個營業週期內償還的債務，包括短期借款、應付票據、應付帳款、應付職工薪酬、應交稅費、應付股利和其他應付款等。案例中的向銀行借入三個月的借款500,000元屬於流動負債。

長期負債是指償還期在一年或者超過一年的一個營業週期以上的債務，包括長期借款、應付債券和長期應付款等。案例中的向銀行借入三年期的借款300,000元屬於長期負債。

（3）負債的特徵
①負債是由過去的交易、事項所形成的現時義務；
②清償負債會導致經濟利益流出企業；
③負債是由企業過去的交易或者事項形成的。

3. 所有者權益
（1）所有者權益的概念：是指所有者在企業資產中享有的經濟利益，其金額為資產減去負債後的餘額。
（2）所有者權益的分類：按照所有者權益的來源包括所有者投入的資本、直接計入所有者權益的得失、留存收益等。所有者權益通常由實收資本（或股本）、資本公積、盈餘公積和未分配利潤組成。
（3）所有者權益的特徵
①除非發生減資、清算或者分派現金股利，企業不需要償還所有者權益；
②企業清算時，只有在清償所有的負債後，所有者權益才可還給所有者；
③所有者憑藉所有者權益能夠參與利潤分配。

4. 收入
（1）收入的概念：收入是指在日常生活中形成的、會導致所有者權益增加的、與所有者投入資本無關的經濟利益的總流入。
（2）收入的分類：

①按其性質不同分為銷售商品收入、提供勞務收入和讓渡資產所有權收入。
②按照企業經營業務的主次，可以分為主營業務收入和其他業務收入。
（3）收入的特徵：
①收入是企業日常活動中形成的；
②收入是與投資者投入的資本無關的經濟利益總流入；
③會導致所有者權益增加；
④收入只包括本企業的經濟利益的流入。

5. 費用
（1）費用的概念：費用是指企業為銷售商品、提供勞務等日常活動所發生的經濟利益的流出。
（2）費用的分類：主要包括營業成本、營業稅金及附加、期間費用等。
（3）費用的特徵：
①費用是企業日常活動中產生的；
②費用的發生可能表現為企業資產的減少或負債的增加；
③費用的發生導致企業經濟利益的流出。

6. 利潤
（1）利潤的概念：利潤是指企業在一定會計期間的經營成果。
（2）利潤的分類：包括收入減去費用後的淨額、直接計入當期利潤的利得和損失等。

（三）舉例
請結合前述本項目案例，如果你是甲同學，根據劃分各項目的類別（資產、負債或所有者權益），計算資產、負債、所有者權益各要素金額合計，將各項目金額填入表1-1中。

表1-1　　　　　　　　　　　　　　項目類別表　　　　　　　　　　　　　　單位：元

項目序號	資　產	負　債	所有者權益
（1）	1,700		
（2）	2,939,300		
（3）			13,130,000
（4）		500,000	
（5）		300,000	
（6）	417,000		
（7）	584,000		
（8）	520,000		
（9）	43,000		
（10）		45,000	
（11）	60,000		
（12）	5,700,000		
（13）	4,200,000		
（14）	530,000		

表1-1(續)

項目序號	金額 資產	負債	所有者權益
（15）			960,000
（16）			440,000
（17）		200,000	
（18）	650,000		
（19）			70,000
合計	15,645,000	1,045,000	14,600,000

【技能訓練】

訓練目的：1. 使學生能夠準確判斷企業日常活動中哪些是核算和監督的內容；
　　　　　　2. 提高學生對會計的認識。

訓練要求：1. 瞭解會計核算和監督的內容；
　　　　　　2. 瞭解會計相關概念。

訓練資料一：下面是明利公司2014年2月份發生的經濟活動：
　　要求：請判斷哪些屬於會計核算和監督的內容，哪些不是。將判斷結果填入下表。
　　提示：在各樣的經濟活動中，會計只能核算和監督其中能用貨幣表現的。

經濟活動內容	屬於	不屬於
1. 辦公室主任報銷差旅費2,000元		
2. 採購經理與供貨商會面，就第三季度材料供應簽訂意向書		
3. 支付電臺廣告費20,000元		
4. 董事會研究決定向所有者分配利潤		
5. 倉庫將採購的原材料驗收入庫，總價值15,000元		
6. 董事會研究決定初步達成向A企業投資意向		
7. 收到銷售款12,000元存入銀行		
8. 銷售部門簽訂一項銷售合同		

訓練資料二：讓我們來看看你是否已經對會計工作有了基本的瞭解，請你回答本單元任務描述裡提出的問題。
　　（1）什麼是會計？
　　（2）你覺得會計在經營上應該發揮什麼作用？
　　（3）談一談你為什麼要學習會計？

訓練資料三：小李是一所學院的學生，她想自己在學院附近開個培訓班，雖然當時手頭只有400元，但是她於2013年12月順利創辦了「華文」培訓班。她先是花費120元在一家餐廳請朋友坐一坐，幫她出主意，又在師姐處借款4,000元，以備租房使用，然後又花了一些錢購置講課所必備的書籍、教輔材料。另外支出100元印製了500份宣傳單，一週後她已經招

收了10名學員，每人學費1,000元。至2014年1月末，她已經招收了50名學員，除了歸還師姐的借款本金和利息計5,000元、支付各項必需的費用外，獲得淨收入52,000元。她又用這筆錢繼續擴大教室場地同時聘請非常有經驗的老師，為以後的發展打下良好的基礎。如果你是小李，要對培訓班進行記帳，試說說上述各款項分別屬於什麼會計要素？

訓練資料四：某企業相關會計要素項目如下表所示。

內　　　容	資產	負債	所有者權益
1. 廠房一棟，價值3,600萬元。			
2. 機器設備10臺，價值1,200萬元。			
3. 辦公用房一棟，價值1,800萬元。			
4. 企業資產中有7,200萬元是投資者投入的。			
5. 各種材料價值660萬元。			
6. 在產品價值300萬元。			
7. 庫存產成品價值900萬元。			
8. 企業保險櫃中有現金12萬元。			
9. 銀行存款960萬元。			
10. 企業資產中有1,200萬元是從銀行借入的。			
11. 因銷售商品而產生450萬元的債權未收回。			
12. 因購買商品而產生480萬元的債務未支付。			
13. 以前年度未分配利潤1,002萬元。			
14. 向銀行借款（期限9個月）而形成的債務10萬元。			
15. 購入準備短期持有的股票25萬元。			
16. 欠職工工資10萬元。			
17. 向用戶收取包裝物押金5萬元。			
18. 購入5年期的國庫券50萬元。			
19. 企業的商標權10萬元。			
20. 向銷貨單位支付預購訂金10萬元。			

實訓要求：資料中所列內容各屬於資產、負債、所有者權益中的哪一個項目。

任務二　會計基本準則

【任務引入】

　　會計是在一定的政治、經濟與文化環境中運行的，在這環境中存在著許多不確定因素，決定和影響著會計工作，所以必須對影響會計工作的會計基本假設、會計信息質量要求以及會計的核算基礎進行剖析。

　　任務1：瞭解會計工作的基本前提和會計信息質量要求
　　任務2：正確使用權責發生制確認損益期間

【任務分析】

作為一個企業來說，會計的基本準則是會計確認、計量和報告的前提，是對會計的外在和內在環境所作的合理設定。明確會計的基本準則是對公司能夠進行正常會計業務處理的前提條件。所以本任務是圍繞會計三類基本準則進行描述。

根據本項目的案例，幫助甲同學掌握會計假設前提和會計的核算基礎。

【相關知識】

會計基本準則一般包括三個方面，會計基本假設、會計信息質量要求以及會計的核算基礎。

一、會計基本假設

會計核算的基本前提也稱會計假設。它是對會計領域裡某些無法從正面加以論證的事物，根據客觀的、正常的情況和趨勢經過逐步認識所作的合理的判斷。

會計核算的基本前提包括會計主體、持續經營、會計分期和貨幣計量四個內容。

（一）會計主體

會計主體是指會計核算服務的對象或者說是會計核算和監督的特定單位。

一個會計主體是一個獨立的經濟實體，它獨立地記錄和核算企業本身各項生產經營活動，而不能核算和反應企業投資者或者其他經濟主體的經濟活動。

假設甲、乙、丙等人準備成立華苒公司，這家特定的華苒公司就成了一個會計核算的主體，只有以華苒公司的名義發生的有關經濟活動，如購進原材料、支出、生產工人的工資、銷售產品等，才是華苒公司核算的範圍。而作為該華苒公司投資者的甲、乙、丙等人的有關經濟活動則不是該華苒公司會計核算的內容，向華苒公司提供材料的另一個公司的經濟活動，以及借錢給華苒公司的銀行的財務活動，也都不屬於華苒公司的核算範圍。這樣，作為華苒公司的會計，其核算的空間範圍就界定為華苒公司，即只核算以華苒公司名義發生的各項經濟活動，從而就嚴格地把華苒公司與華苒公司的投資者、借錢給華苒公司的銀行以及與華苒公司從未發生經濟往來的其他公司區別開來。

（二）持續經營

企業應當以持續、正常的生產經營活動為前提，一般情況下，應當假定企業將會按當前的規模和狀態繼續經營下去。不考慮停業破產、清算的因素，使之對資產能夠按照歷史成本計價和折舊，費用能夠定期進行分配，負債能夠按期償還，否則正常的核算就無法進行。

例如，華苒公司以 15 萬元購進了一臺設備，預計可用 5 年，每年可為企業帶來收入 4 萬元。按持續經營假設，企業正常的生產經營活動能長期進行下去，即在可以預見的 5 年內不會破產。設備投入的 15 萬元可分 5 年收回，每年承擔 3 萬元，因而，該設備每年可賺 1 萬元。但如果沒有這樣的假設，則會計核算就無法正常進行了。如設想華苒公司可能 4 年後破產，則該設備的投入必須在 4 年內收回，每年需承擔 3.75 萬元。這樣每年就只有 0.25 萬元的利潤了；而企業也可能只能正常經營 3 年，則每年要承擔 5 萬元的設備投入，這樣，每年就虧損 1 萬元（我們這裡沒有考慮企業破產後設備還能變賣的價值）。

（三）會計分期

企業在持續經營期間，為了能夠定期確定收入、費用和利潤，定期確定資產存量、負債

和所有者權益，必須等距離地劃分為一定期間，以便結算帳目、編制會計報表和對會計信息進行比較和分析。會計期間分為年度、半年度、季度和月度，其起訖的日期按公歷日期。

> **知識連結**：會計核算通常以「年」來計量，稱為會計年度。
> 《企業會計準則》規定了中國以日曆年度為企業會計年度，即從公歷1月1日起到12月31日止。此外，還可進一步分為月度、季度和半年度。

（四）貨幣計量

會計核算以貨幣作為計量單位，可以使企業的生產經營活動統一地表現為貨幣運動，能全面地反應企業的財務狀況和經營成果。在中國，會計核算以人民幣為記帳本位幣。

會計核算前提規定了會計核算的內容，即會計主要核算企業生產經營活動中能用貨幣計量的那一部分，而不是企業生產經營活動的全部，例如採購原材料花了1萬元，支付職工工資2萬元，出售商品取得收入3萬元等，都是會計核算的內容。但公司召開科技攻關會議、產品銷售工作會議、簽訂購銷合同都是很重要的經營活動，但因其不能以貨幣客觀地計量，因而不是會計核算的範圍。

二、會計信息質量要求

（1）真實性；（2）相關性；（3）可比性；（4）一致性；（5）及時性；（6）明晰性。

三、會計核算基礎

（一）權責發生制

權責發生制亦稱應計基礎，是指企業以取得收取現金的權利或支付現金的責任為標誌來確認本期收入和費用。權責發生制要求，凡當期已經實現的收入和已經發生或應當負擔的費用，無論款項是否收付，都應作為當期的收入和費用，計入利潤表；凡是不屬於當期的收入和費用，即使款項已在當期收付，也不應作為當期的收入和費用。

> **知識連結**：2006年2月15日，財政部頒發的《企業會計準則》明確規定企業應當以權責發生制為基礎進行會計確認、計量和報告。

【例1-1】華苒公司2014年4月10日賒銷一批商品給旺泰公司，價值2,000元，貨已發出，貨款尚未收到。針對這筆業務，按照權責發生制，華苒公司4月份應確認本期收入2,000元，應收帳款2,000元。

【例1-2】華苒公司2013年12月31日租入廠房，租期3年，年租金2萬元，三年的租金要求在2014年1月1日全部付清，按照權責發生制華苒公司2014年1月不能將這6萬元的租金一次性作為本期的費用加以確認，而應當將這6萬元的租金按照受益期，作為一項長期待攤費用在2014年1月到2017年1月按月逐期攤銷，分別計入各項的成本費用。

（二）收付實現制

收付實現制是與權責發生制相對應的一種會計基礎，它是以收到或支付的現金作為確認收入和費用等的依據。

1. 在收付實現制基礎上，凡在本期實際以現款付出的費用，不論其應否在本期收入中獲得補償均應作為本期的費用處理；

2. 凡在本期實際收到的現款收入，不論其是否屬於本期均應作為本期的收入處理；

3. 凡本期還沒有以現款收到的收入和沒有用現款支付的費用，即使它歸屬於本期，也不作為本期的收入和費用處理。

例1-1中如果按照收付實現制，華苒公司4月份應確認本期沒有收入。

例1-2中如果按照收付實現制，華苒公司1月份應確認費用是6萬元。

【技能訓練】

訓練目的：1. 使學生掌握利用權責發生制和收付實現制如何確認收入和費用歸屬期；
            2. 讓學生理解會計相關準則。

訓練要求：1. 確認權益歸屬期；
            2. 能夠根據企業發生的具體業務按相對應的會計準則分析。

訓練資料一：某公司2014年12月份的有關經濟業務如下：

（1）支付上月份的水電費5,300元。
（2）收到上月銷售產品的貨款6,000元。
（3）預付明年一季度的房屋租金1,900元。
（4）支付本季度借款利息3,000元。
（5）預收銷貨款70,000元。
（6）銷售產品一批，售價56,000元，已收回貨款36,000元，其餘尚未收回。
（7）本月份分攤財產保險費1,800元。
（8）計算本月份應付職工工資11,000元。

要求：

分別按收付實現制和權責發生制計算本月份的收入、費用和利潤。

經濟業務序號	權責發生制 收入	權責發生制 費用	收付實現制 收入	收付實現制 費用
1				
2				
3				
4				
5				
6				
7				
8				
合　計				

訓練資料二：2014年11月9日，某市審計局財務審計組對市屬水泥廠進行年度財務檢查，查閱記帳憑證時發現：該廠一張記帳憑證上的會計分錄為借記「燃料及動力」帳戶66,000元，貸記「應收帳款」帳戶66,000元。但是這張憑證上的菸煤沒有原始發票，也沒有入庫單，只是在記帳憑證下面附了一張由該廠開具給B公司的收款收據；經查，B公司既不耗用也不經營菸煤。通過調查瞭解，原來是該廠以購菸煤為名，實行以車抵債之實。進一步追問得知，B公司以一輛吉普車抵還了欠該廠的貨款，由於廠長暗示不要將其入固定資產帳，於是就作菸煤處理。審計組就此責令市屬水泥廠調整會計帳冊，並給予了經濟處罰。

要求：思考該水泥廠違背了會計的哪些基本原則。其影響如何？

任務三　會計核算方法

【任務引入】

會計在反應和監督會計對象時必須採用一系列專門的會計方法，而會計核算方法是其中最基礎的方法，也是最重要的方法。本任務旨在闡明這一基本的會計核算方法。

任務1：瞭解會計的方法和會計核算方法。
任務2：理解會計循環程序。

【任務分析】

會計方法是用來反應和監督會計對象完成會計任務的手段，會計方法包括核算方法、會計分析方法、會計預測和決策方法等。會計核算是會計的基本環節，會計分析、會計預測和決策等都是在會計核算的基礎上，利用會計核算資料進行的。本任務闡述的會計核算方法是初學會計者必須掌握的基礎知識，是為了完成會計核算的基本任務，必須採用的一系列的會計核算方法。

根據本項目的案例，幫助甲同學掌握會計的核算方法。

【相關知識】

會計的核算方法一般包括設置帳戶、復式記帳、填製和審核憑證、登記會計帳簿、成本計算、財產清查、編制財務報告幾個方面。

一、會計核算方法

（1）會計方法包括會計核算方法、會計分析方法和會計檢查方法。三者之間的關係：會計核算是會計的基本環節；會計分析是會計核算的繼續和發展；會計檢查是會計核算的必要補充。

（2）會計核算方法是對會計對象進行連續、系統、全面、綜合的確認、計量、記錄和報告所採用的各種方法的總稱。

二、會計循環基本流程

會計核算方法一般包括設置帳戶、復式記帳、填製憑證、登記帳簿、成本計算、財產清

查、報表編制的分析利用等七個方面。

（一）設置帳戶

設置帳戶是對會計核算對象的具體內容進行歸類、反應和監督的一種專門方法。

（二）復式記帳

復式記帳是對每一項經濟業務通過兩個或兩個以上有關帳戶相互聯繫起來進行登記的一種專門方法。

（三）填制會計憑證

在會計核算中要以會計憑證作為記帳的依據，填制會計憑證是可以保證會計記錄完整、真實和可靠，審查經濟活動是否合理、合法的一種專門方法。會計憑證是交易或事項的書面證明，是登記帳簿的依據，對每一項交易或事項填制會計憑證，並加以審核，可以保證會計核算的質量，並明確經濟責任。

（四）登記帳簿

登記帳簿是根據會計憑證，在帳簿上連續地、系統地、完整地記錄交易或事項的一種專門方法。

（五）成本計算

成本計算是按一定的成本對象，對生產、經營過程中所發生的成本、費用進行歸集，以確定該對象的總成本和單位成本的一種專門方法。

（六）財產清查

財產清查是對各項財產物資進行實物盤點、帳面核對以及對各項往來款項進行查詢、核對，以保證帳帳、帳實相符的一種專門方法。

（七）編制財務會計報告

編制財務會計報告是定期總括地反應財務狀況和經營成果的一種專門方法。

各種會計核算方法之間的關係如圖 1-2 所示。

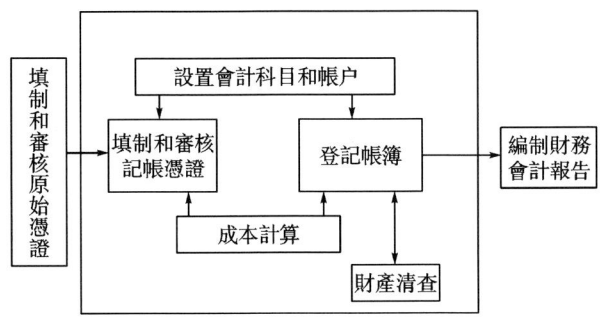

圖 1-2　會計核算方法

【技能訓練】

訓練目的：1. 讓學生瞭解會計方法；
　　　　　　2. 讓學生正確理解整個會計流程。
訓練要求：1. 理解會計方法的類型；
　　　　　　2. 組織會計流程。

訓練資料一：描述會計方法的類型、區別和聯繫。
訓練資料二：自選公司或自擬公司名稱和產品（進口商、出口商、加工企業、服務型企業等），如果你是這家企業的財務主管，你如何組織完整的會計流程？

【項目總結】

本項目主要圍繞一些基礎理論進行闡述，讓大家對會計與會計職業有一些基本的認識，會計是以提供財務信息為主的信息系統，同時又是一種管理活動。會計的基本職能是會計核算和監督。

會計的對象是社會再生產過程中的資金運動。會計的發展變化，是各種環境因素綜合作用的結果，是社會文化、政治經濟、科學技術以及自然環境等諸多因素共同作用的結果。

會計核算的基本前提或會計假設有：會計主體、持續經營、會計分期、貨幣計量。會計核算的信息質量要求有真實性、相關性、可比性、一致性、及時性、明晰性原則。

會計核算方法有：設置會計科目、復式記帳、填制和審核憑證、登記帳簿、成本計算、財產清查、編制財務報表。

項目二
運用借貸復式記帳法

【學習目標】
- 理解會計恆等式
- 熟悉會計科目
- 掌握會計帳戶
- 掌握借貸記帳法

【技能目標】
- 掌握帳戶結構，根據經濟業務的發生，設置相應的帳戶
- 根據經濟業務的發生，編制會計分錄
- 運用借貸記帳法的記帳規則和會計恆等式，進行試算平衡

任務一　理解會計恆等式

【任務引入】

一個企業的資金有其來源，也有其用途。資金的來源主要分為負債和所有者權益，資金的用途表現為各種形式的資產。資產、負債和所有者權益究竟存在著什麼關係呢？

任務1：掌握六大會計要素之間的關係。
任務2：理解經濟業務的發生對會計恆等式的影響。

【任務分析】

日辰股份有限公司（以下簡稱日辰公司）在2014年4月30日有如下業務，劃分所屬的資產、負債、所有者權益項目，並說明三者之間的關係。

（1）出納員保管的現金20,000元；（2）在銀行的存款1,800,000元；（3）應收瑞風企業貨款250,000元；（4）庫存生產用材料390,000元；（5）持有寶業企業的股權320,000元；（6）庫存完工產品620,000元；（7）機器設備200,000元；（8）一項專利權價值1,200,000元；（9）向銀行借入期限半年的借款300,000元；（10）應付海天企業購料款280,000元；（11）預收天石企業貨款270,000元；（12）應付工人工資180,000元；（13）應付借款利息80,000元；（14）向銀行借入期限3年的借款3,000,000元；（15）投資者投入

的資本4,000,000元；（16）企業的資本公積520,000元；（17）企業盈餘公積370,000元；（18）企業存在的未分配利潤為1,000,000元。

一個企業的資產、負債和所有者權益在特定時點上必然存在著一定的聯繫，下面就從三者存在的關係開始進行分析。

【相關知識】

企業的六項會計要素反應了資金運動的靜態和動態兩個方面，具有緊密的相關性，它們在數量上存在著特定的平衡關係，這種平衡關係用公式來表示，就是我們通常所說的會計等式。會計等式是反應會計要素之間平衡關係的計算公式，它是各種會計核算方法的理論基礎。

一、資產、負債和所有者權益的關係

企業在從事經濟活動過程中，為了實現其各自的經營目標，需要擁有一定數量和結構的資產，而這些資產一般來源於所有者的投入資本和債權人的借入資金。其中，歸屬於所有者的部分形成「所有者權益」，歸屬於債權人的部分形成「債權人權益」，即企業的「負債」。

從數量上看，有一定數額的資產必然有一定數額的權益；反之，有一定數額的權益也必定有一定數額的資產。也就是說，資產與權益在任何一個時點都必然保持恆等的關係，這種恆等關係用公式表示，即：

資產＝權益　　　　　　　　　　　　　　　　　　　　　　　　　　　　2-1

由於權益是由債權人權益（負債）和所有者權益兩部分構成，因此等式2-1可進一步表示為：

資產＝債權人權益＋所有者權益　　　　　　　　　　　　　　　　　　　2-2

資產＝負債＋所有者權益　　　　　　　　　　　　　　　　　　　　　　2-3

等式2-3能直接反應出資金運動的三個靜態要素之間的內在聯繫和企業在某一時點的財務狀況，是資產負債表的基本要素。由於該等式是會計等式中最通用和最一般的形式，所以通常也稱為會計基本等式或會計恆等式。

日辰企業的資產為第（1）項到第（8）項，總金額為10,000,000元，負債為第（9）項到第（14）項，金額為4,110,000元，所有者權益為第（15）項到第（18）項，金額為5,890,000元。不難看出，資產（10,000,000）＝負債（4,110,000）＋所有者權益（5,890,000），即會計恆等式成立。

（一）經濟業務的發生對「資產＝負債＋所有者權益」等式的影響

企業在生產經營過程中，每天都會發生多種多樣、錯綜複雜的經濟業務，從而引起各會計要素的增減變動，但並不影響會計恆等式的成立。下面通過分析日辰企業2014年5月份發生的幾項經濟業務，說明經濟業務對「資產＝負債＋所有者權益」等式的影響。

【例2-1】2014年5月2日，日辰企業收到所有者追加的投資1,000,000元。款項存入銀行。

這項經濟業務使銀行存款增加了1,000,000元，即等式左邊的資產增加了1,000,000元，同時等式右邊的所有者權益也增加了1,000,000元，因此並沒有改變等式的平衡關係。

【例2-2】2014年5月5日，日辰企業用銀行存款歸還所欠海華企業的貨款180,000元。

這項經濟業務使日辰企業的銀行存款即資產減少了 180,000 元，同時應付帳款即負債也減少了 180,000 元，也就是說等式兩邊同時減少 180,000 元，等式依然成立。

【例 2-3】2014 年 5 月 18 日，日辰企業用銀行存款 500,000 元購買一臺生產設備，設備已交付使用。

這項經濟業務使日辰企業的固定資產增加了 500,000 元，但同時銀行存款減少了 500,000 元，也就是說企業的資產一項增加一項減少，增減金額相同，因此資產的總額不變，會計等式依然保持平衡。

【例 2-4】2014 年 5 月 20 日，由於資金週轉困難，日辰企業向銀行借入 100,000 元直接用於歸還拖欠的貨款。

這項經濟業務使企業的應付帳款減少了 100,000 元，同時短期借款增加了 100,000 元，即企業的負債一項減少一項增加，增減金額相同，負債總額不變，等式仍然成立。

【例 2-5】2014 年 5 月 30 日，日辰企業將資本公積的一部分 300,000 元轉為實收資本。

這項經濟業務使企業的資本公積減少了 300,000 元，同時實收資本增加了 300,000 元，即企業的所有者權益一項減少一項增加，增減金額相同，所有者權益總額不變，等式仍然成立。

綜上所述，每一項經濟業務的發生，都必然會引起會計等式的一方或雙方有關項目相互聯繫的等量的變化，即當涉及會計等式的一方時，有關項目的數額發生相反方向等額變動；而當涉及會計平衡公式的兩方時，有關項目的數額必然會發生相同方向的等額變動，但始終不會打破會計恆等式的平衡關係。

(二) 經濟業務的發生對「資產＝權益」等式變動的影響類型

企業在生產經營過程中發生的各項經濟業務，必然在數量上引起資產和權益的變化，但無論資產和權益如何變化，都破壞不了資產和權益之間的平衡關係。引起資產和權益發生變化的經濟業務，包括資產與權益同時等額增加、資產與權益同時等額減少、資產內部之間此增彼減、權益內部之間此增彼減四種類型。經濟業務的四種類型，按基本會計等式「資產＝負債＋所有者權益」表現為九種不同的情況。

1. 資產的一個項目增加，另一個項目同時等額減少，資產總額不變；
2. 負債的一個項目增加，另一個項目同時等額減少，負債總額不變；
3. 所有者權益的一個項目增加，另一個項目同時等額減少，所有者權益總額不變；
4. 負債的一個項目增加，所有者權益的項目同時等額減少，權益總額不變；
5. 負債的一個項目減少，所有者權益的項目同時等額增加，權益總額不變；
6. 資產的一個項目增加，負債的一個項目同時等額增加；
7. 資產的一個項目增加，所有者權益的一個項目同時等額增加；
8. 資產的一個項目減少，負債的一個項目同時等額減少；
9. 資產的一個項目減少，所有者權益的一個項目同時等額減少。

上述 9 種類型的經濟業務，包括了涉及資產和權益經濟業務發生的所有變化形式，無論哪一種經濟業務的發生，都不會破壞資產與權益之間的平衡關係，從這方面來說會計等式「資產＝負債＋所有者權益」是恆等的，可由「會計等式與業務變化關係表」反應。（見表 2-1）

表 2-1　　　　　　　　　　　會計等式與業務變化關係表

類型	資產	=	負債	+	所有者權益
1	(+) (−)				
2			(+) (−)		
3					(+) (−)
4			(+)		(−)
5			(−)		(+)
6	(+)		(+)		
7	(+)				(+)
8	(−)		(−)		
9	(−)				(−)

在實際工作中，企業每天發生的經濟業務要複雜得多，但無論其引起會計要素如何變動，都不會破壞資產與權益的恆等關係（亦即會計等式的平衡）。資產與權益的恆等關係，是復式記帳法的理論基礎，也是企業編制資產負債表的依據。

二、收入、費用和利潤的關係

企業經營的目的是為了獲取收入，實現盈利。企業在取得收入的同時，也必然要發生相應的費用。通過收入與費用的比較，才能確定企業一定時期的盈利水平。

廣義而言，企業一定時期所獲得的收入扣除所發生的各項費用後的餘額，即表現為利潤。在實際工作中，由於收入不包括處置固定資產淨收益、固定資產盤盈、出售無形資產收益等，費用也不包括處置固定資產淨損失、自然災害損失等，所以，收入減去費用，並經過調整後，才等於利潤，即：

收入−費用＝利潤　　　　　　　　　　　　　　　　　　　　　　　　　　　　2-4

等式 2-4 實際上反應的是企業資金的絕對運動形式，即資金運動三個動態要素之間的內在聯繫和企業在某一時期的經營成果，說明了企業利潤的實現過程，是利潤表的三個基本要素。收入、費用和利潤之間的上述關係，是編制利潤表的基礎。

三、六大會計要素之間的關係

在企業成立之初或某個會計期間的期初，會計等式是：資產＝負債+所有者權益。

隨著企業經營活動的進行，在會計期間內，企業一方面取得收入，並因此而引起資產的增加或負債的減少；另一方面企業要發生各種費用，並因此而引起資產的減少或負債的增加。所以在未結帳之前的任意時刻，會計要素之間的關係可以用以下會計等式予以表現：

資產＝負債+所有者權益+（收入−費用）　　　　　　　　　　　　　　　　　2-5

到了會計期末，企業將收入和費用進行配比，計算出利潤，並按照規定的程序進行分配，一部分按照投資比例分配給投資者，使企業的資產減少或引起負債的增加；另一部分形成企業的盈餘公積和未分配利潤，歸入所有者權益，這樣在會計期末結帳之後的會計等式又恢復到會計期初的形式，即：資產＝負債+所有者權益。

可以看出，會計等式「資產＝負債＋所有者權益＋（收入－費用）」反應了會計主體的財務狀況與經營成果之間的相互關係，揭示了企業資金運動的內在規律，也構成了資產負債表和利潤表的聯繫紐帶。

【技能訓練】

訓練目的：1. 使學生理解靜態會計等式；
　　　　　2. 使學生理解動態會計等式。
訓練要求：1. 掌握會計恆等式
2. 能通過對經濟業務類型的分析，重點掌握會計恆等式所表示的平衡關係。

訓練資料一：

某企業有關帳戶的期初餘額如下：（單位：元）

庫存現金	500	銀行存款	25,630
應收帳款	1,750	週轉材料	9,800
應付票據	3,000	應付帳款	2,950
實收資本	30,000	盈餘公積	1,730

要求：把上述各帳戶分別歸類：資產、負債、所有者權益，並用會計等式予以驗證。

訓練資料二：2014年1月，甲以現金40萬元、乙以價值60萬元的廠房出資建立了A企業。2月，企業發生了以下業務（部分）：

1. 2日，為補充流動資金，A企業向中國工商銀行借款50萬元存入銀行；
2. 6日，採購電腦20臺，支付現金10萬元；
3. 10日，向B企業採購原材料20萬元，貨款暫欠；
4. 15日，以銀行存款支付B企業貨款20萬元；
5. 20日，對外提供加工服務，獲得現金收入5萬元，消耗的原材料為3萬元；
6. 25日，收到丙20萬元投資款。

要求：根據企業2月份發生的業務，說明經濟業務對會計恆等式的影響。

任務二　熟悉會計科目

【任務引入】

瞭解了會計的六大要素，也清楚了它們之間的關係，但是實際業務的發生，涉及的類型很多，如何區分同一要素下不同種類的經濟業務，如何準確地區別各種經濟業務，這就要引入「會計科目」這個概念。

任務1：瞭解會計科目設置的原則。
任務2：熟悉企業常見的會計科目。

【任務分析】

比如上述所提到的日辰企業在2014年4月30日有如下的資產：
（1）出納員保管的現金20,000元；（2）在銀行的存款1,800,000元；（3）應收瑞風企

業貨款250,000元；（4）庫存生產用材料390,000元；（5）持有實業企業的股權320,000元；（6）庫存完工產品620,000元；（7）機器設備200,000元；（8）一項專利權價值1,200,000元。

以上八項同屬於該企業的資產，但卻屬於不同的種類，如何簡要準確地說出每一項業務涉及的內容，需要我們學習會計科目的相關內容。

【相關知識】

一、設置會計科目的意義

（一）會計科目的定義

由於企業的經濟業務錯綜複雜，即使涉及同一項會計要素，也往往具有不同的性質和內容。比如，固定資產和原材料，雖然都屬於資產，但它們的經濟內容，以及在經濟活動中的週轉方式和所起的作用各不相同。又如，預收帳款和長期借款，雖然都是負債，但它們的形成原因和償付期限也都不相同。這就要求對會計要素作進一步的分類，這種分類的項目，在會計上叫作會計科目。

因此，會計科目是對會計對象的具體內容進一步進行分類所規定的項目，是指對會計要素的具體內容進行分類核算的項目。設置會計科目是會計核算的專門方法之一。

會計對象、會計要素、會計科目三者的關係極為密切。會計對象抽象概括為企業的資金運動；會計要素則是會計對象的基本內容，也就是對會計對象的基本分類，包括資產、負債、所有者權益、收入、費用和利潤；會計科目又是對會計要素所作的進一步分類。

（二）設置會計科目的意義

會計科目是對各項交易或事項進行會計記錄並及時提供會計信息的基礎，在會計核算和企業管理中具有十分重要的意義。

首先，會計科目是復式記帳的基礎。復式記帳要求每一筆經濟業務在兩個或兩個以上相互聯繫的帳戶中進行登記，以反應資金運動的來龍去脈；

其次，會計科目是編制記帳憑證的基礎。在中國，會計憑證是確定所發生的經濟業務應計入何種會計科目以及分門別類登記帳簿的憑據；

再次，會計科目為成本計算與財產清查提供了前提條件。通過會計科目的設置，有助於成本核算，使各種成本計算成為可能，而通過帳面記錄與實際結存核對，又為財產清查、保證帳實相符提供了必要的條件；

最後，會計科目為編制財務報表提供了方便。財務報表是提供會計信息的主要手段，為了保證會計信息的質量及其提供的及時性，財務報表中的許多項目與會計科目是一致的，並根據會計科目的本期發生額或餘額填列。

（三）設置會計科目的原則

為了統一財務會計報告，增強會計信息的可比性，會計科目的設置應遵循以下原則：

1. 全面性原則

會計科目作為對會計要素具體內容進行分類核算的項目，其設置應能保證對各會計要素作全面的反應，形成一個完整的、科學的體系。具體地說，應該包括資產、負債、所有者權益、收入、費用和利潤的若干會計科目，不能有任何漏洞，要覆蓋全部核算內容，而且，每

一個會計科目都應有特定的核算內容，要有明確的涵義和界限，各個會計科目之間既要有一定的聯繫，又要各自獨立，不能交叉重疊，不能含糊不清。

2. 簡要性原則

會計核算的目標就是向各方使用者提供有用的會計信息，以滿足他們的判斷、決策需要。一方面會計科目的名稱要明了，代表了經濟業務的主要特點，使人易懂；另一方面，不同的信息使用者，如國家宏觀調控部門、企業內部管理部門、投資者、債權人、公眾等對會計信息的需求不盡相同，會計科目設置既要兼顧不同信息使用者的需要，又要考慮會計信息的成本。也就是說，會計科目設置應簡單明了、通俗易懂，要突出重點，對不重要的信息要合併或刪減，要盡量使報表閱讀者一目了然，易於理解。

3. 穩定性原則

為了保證會計信息的連貫性、可比性，便於不同時期、不同行業間的會計核算指標的分析和比較，提高會計信息的有效性，會計科目的設置應在一定時期內保持穩定，不宜經常變更。值得注意的是，強調會計科目的穩定性，並非要求會計科目絕對不能變更，當會計環境發生變化時，會計科目也應隨之作相應的調整，以及時全面地反應經濟活動。

4. 統一性和靈活性兼顧原則

統一性是指企業設置會計科目時，應根據提供會計信息的要求，對一些主要會計科目的設置及核算內容進行統一的規定，以保證會計核算指標在一定範圍內的匯總和分析利用；靈活性是指在不影響會計核算要求和會計報表指標匯總，以及對外提供統一的財務會計報告的前提下，企業可以根據本單位的具體情況、行業特徵和業務特點，對統一規定的會計科目作必要的增設、刪減或合併，有針對性地設置會計科目。

二、會計科目的名稱

會計科目依據《企業會計準則》中確認和計量的規定制定，並進行編號，其名稱和核算內容相一致，編成會計科目表。會計科目編號就是確定會計科目的號碼，一經確定不得隨意變更。

常用的會計科目表見表 2-2。

表 2-2　　　　　　　　　　　　常用會計科目表

序號	編號	會計科目名稱	核算內容
		一、資產類	
1	1001	庫存現金	企業的庫存現金
2	1002	銀行存款	企業存入銀行或其他金融機構的各種款項
3	1012	其他貨幣資金	企業的銀行匯票存款、銀行本票存款、信用卡存款、信用證保證金存款、存出投資款、外埠存款等其他貨幣資金
4	1101	交易性金融資產	企業為交易目的所持有的債券投資、股票投資、基金投資等交易性金融資產的公允價值
5	1121	應收票據	企業因銷售商品、提供勞務等而收到的商業匯票，包括銀行承兌匯票和商業承兌匯票
6	1122	應收帳款	企業因銷售商品、提供勞務等經營活動應收取的款項

表2-2(續)

序號	編號	會計科目名稱	核算內容
7	1123	預付帳款	企業按照合同規定預付的款項。預付款項情況不多的，也可以不設置本科目，將預付的款項直接計入「應付帳款」科目
8	1131	應收股利	企業應收取的現金股利和應收取其他單位分配的利潤
9	1132	應收利息	企業交易性金融資產、持有至到期投資、可供出售金融資產、發放貸款、存放中央銀行款項、拆除資金、買入返售金融資產等應收取的利息
10	1221	其他應收款	企業除存出保證金、買入返售金融資產、應收票據、應收帳款、預付帳款、應收股利、應收代位追償款、應收分保帳款、應收分保合同準備金、長期應收款等以外的其他各種應收及暫付款項
	1231	壞帳準備	企業應收款項的壞帳準備
11	1401	材料採購	企業採用計劃成本進行材料日常核算而購入材料的採購成本
12	1402	在途物資	企業採用實際成本進行材料等物資的日常核算、貨款已付尚未驗收入庫的在途物資的採購成本
13	1403	原材料	企業庫存的各種材料
14	1404	材料成本差異	企業採用計劃成本進行日常核算的材料計劃成本與實際成本的差額
15	1405	庫存商品	企業庫存的各種商品的實際成本（或進價）或計劃成本（或售價）
16	1407	商品進銷差價	企業採用售價進行日常核算的商品售價與進價之間的差額
17	1408	委託加工物資	企業委託外單位加工的各種材料、商品等物資的實際成本
18	1411	週轉材料	企業週轉材料的計劃成本或實際成本
19	1471	存貨跌價準備	企業存貨的跌價準備
20	1501	持有至到期投資	企業持有至到期投資的攤餘成本
	1502	持有至到期投資減值準備	企業持有至到期投資的減值準備
21	1511	長期股權投資	企業持有的採用成本法和權益法核算的長期股權投資
22	1601	固定資產	企業持有的固定資產原價
23	1602	累計折舊	企業固定資產的累計折舊
	1603	固定資產減值準備	企業固定資產的減值準備
24	1604	在建工程	企業基建、更新改造等在建工程發生的支出
25	1605	工程物資	企業為在建工程準備的各種物資的成本
26	1606	固定資產清理	企業因出售、報廢、毀損、對外投資、非貨幣性的資產交換、債務重組等原因轉出的固定資產價值以及在清理過程中發生的費用等
27	1701	無形資產	企業持有的無形資產成本，包括專利權、非專利技術、商標權、著作權、土地使用權等
28	1702	累計攤銷	企業對使用壽命有限的無形資產計提的累計攤銷

表2-2(續)

序號	編號	會計科目名稱	核算內容
	1703	無形資產減值準備	企業無形資產的減值準備
29	1801	長期待攤費用	企業已經發生但應由本期和以後各期負擔的分攤期限在1年以上的各項費用，如以經營租賃方式租入的固定資產發生的改良支出等
	1901	待處理財產損溢	企業在清查財產過程中查明的各種財產盤盈、盤虧和毀損的價值。物資在運輸途中發生的非正常短缺和損耗，也通過本科目核算
		二、負債類	
30	2001	短期借款	企業向銀行或其他金融機構等借入的期限在1年以下（含1年）的各種借款
31	2201	應付票據	企業購買材料、商品和接受勞務供應等開出、承兌的商業匯票，包括銀行承兌匯票和商業承兌匯票
32	2202	應付帳款	企業因購買材料、商品和接受勞務等經營活動支付放入款項
33	2203	預收帳款	企業按照合同規定預收的款項
34	2211	應付職工薪酬	企業根據有關規定應付給職工的各種薪酬。本科目可按「工資」「職工福利」「社會保險費」「住房公積金」「工會經費」「職工教育經費」「非貨幣性福利」「辭退福利」「股份支付」等進行明細核算
35	2221	應交稅費	企業按照稅法等規定計算應繳納的各項稅費
36	2231	應付利息	企業按照合同約定應支付的利息
37	2232	應付股利	企業分配的現金股利或利潤
38	2241	其他應付款	企業除應付票據、應付帳款、預收帳款、應付職工薪酬、應付利息、應付股利、應繳稅費、長期應付款等以外的其他各項應付、暫收的款項
39	2501	長期借款	企業向銀行或其他金融機構借入的期限在1年以上（不含1年）的各項借款
40	2701	長期應付款	企業除長期借款和應付債券以外的其他各項長期應付款項
	2801	預計負債	企業確認的對外提供擔保、未決訴訟、產品質量保證、重組義務、虧損性合同等預計負債
		三、共同類（略）	
		四、所有者權益類	
41	4001	實收資本	企業接受投資者投入的實收資本。股份有限公司應將本科目改為「4001 股本」科目
42	4002	資本公積	企業收到投資者出資超過其在註冊資本或股本中所占份額的部分
43	4101	盈餘公積	企業從淨利潤中提取的盈餘公積
44	4103	本年利潤	企業當期實現的淨利潤（或發生的淨虧損）
45	4104	利潤分配	企業利潤的分配（或虧損的彌補）和歷年分配（或彌補）後的餘額
		五、成本類	

表2-2(續)

序號	編號	會計科目名稱	核算內容
46	5001	生產成本	企業進行工業性生產發生的各項生產成本
47	5101	製造費用	企業生產車間（部門）為生產產品和提供勞務而發生的各項間接費用
48	5201	勞務成本	企業對外提供勞務發生的成本
		六、損益類	
49	6001	主營業務收入	企業確認的銷售商品、提供勞務等主營業務的收入
50	6051	其他業務收入	企業確認的除主營業務活動以外的其他經營活動實現的收入
51	6101	公允價值變動損益	企業交易性金融資產、交易性金融負債，以及採用公允價值模式計量的投資性房地產、衍生工具、套期保值業務等公允價值變動形成的應計入當期損益的利得或損失
52	6111	投資收益	企業確認的投資收益或投資損失
53	6301	營業外收入	企業發生的各項營業外收入
54	6401	主營業務成本	企業確認銷售商品、提供勞務等主營業務收入時應結轉的成本
55	6402	其他業務成本	企業確認的除主營業務活動以外的其他經營活動所發生的各種支出
56	6403	稅金及附加	企業經營活動發生的營業稅、消費稅、城市維護建設稅、資源稅和教育費附加等相關稅費
57	6601	銷售費用	企業銷售商品和材料、提供勞務的過程中發生的各種費用
58	6602	管理費用	企業為組織和管理生產經營所發生的管理費用
59	6603	財務費用	企業為籌集生產經營所需資金等而發生的籌集費用
60	6701	資產減值損失	企業計提各項資產減值準備所形成的損失
61	6711	營業外支出	企業發生的各項營業外支出
62	6801	所得稅費用	企業確認的應從當期利潤總額中扣除的所得稅費用
63	6901	以前年度損益調整	企業本年度發生的調整以前年度損益的事項以及本年度發現的重要前期差錯更正涉及調整以前年度損益的事項

會計科目編號供企業填製會計憑證、登記會計帳簿、查閱會計帳目、採用會計軟件系統參考，企業可結合實際情況自行確定會計科目的編號。

根據會計科目表，再來分析一開始提到的日辰企業的八項資產，可以給定相應的會計科目：①庫存現金20,000元；②銀行存款1,800,000元；③應收帳款250,000元；④原材料390,000元；⑤長期股權投資320,000元；⑥庫存商品620,000元；⑦固定資產200,000元；⑧無形資產1,200,000元。

三、會計科目的種類

會計科目按照不同的分類標準，可以分為不同的類別，常見的有以下兩種分類標準：

（一）按提供信息的詳細程度及其統馭關係分類

在設置會計科目的時候，要兼顧對外報告信息和企業內部經營管理的需要，並根據所需提供信息的詳細程度及其統馭關係的不同分設總分類科目和明細分類科目：

1. 總分類科目，又稱一級科目或總帳科目，它是對會計要素具體內容進行總括分類、提供總括信息的會計科目，如「應收帳款」「應付帳款」「原材料」等。總分類科目反應各種經濟業務的概括情況，是進行總分類核算的依據。為了便於宏觀經濟管理，一級會計科目由財政部統一規定。

2. 明細分類科目，又稱明細科目，是對總分類科目作進一步分類、提供更詳細和更具體會計信息的科目。如「應收帳款」科目按債務人名稱或姓名設置明細科目，反應應收帳款的具體對象。對於明細科目較多的總帳科目，可在總分類科目與明細科目之間設置二級科目（又稱）子目、三級科目（又稱細目）或多級科目。（見表 2-3）

表 2-3　　　　　　　　　會計科目（按提供指標詳細程度的分類）

總分類科目	明細分類科目	
	二級科目（子目）	三級科目（細目）
原材料	原料及主要材料	圓鋼
		生鐵
	輔助材料	潤滑油
		防銹劑
	燃料	汽油
		柴油

總分類科目概括地反應會計對象的具體內容，明細分類科目詳細地反應會計對象的具體內容。總分類科目對明細分類科目具有統馭和控制作用，而明細分類科目是對其所屬的總分類科目的補充和說明。

對會計科目分類的理解，需要注意以下方面：

首先，並不是所有的科目都有二級科目、三級科目；

其次，科目一般分到三級，不是越多越好；

最後，二級科目和三級科目等統稱為明細科目。

(二) 按其歸屬的會計要素分類

企業的經濟活動是通過資產、負債、所有者權益、收入、費用、利潤等會計要素的增減變化體現出來的，各個會計要素既有其特定的經濟內容，又是互相聯繫的。因此，會計科目按其所歸屬的會計要素不同，可以分為資產類科目、負債類科目、共同類科目、所有者權益類科目、成本類科目和損益類科目。

1. 資產類科目，是對資產要素的具體內容進行分類核算的項目，按資產的流動性分為反應流動資產的科目和反應非流動資產的科目。

(1) 反應流動資產的科目。按照流動資產的類別，又可細分為以下幾類：反應貨幣資金的科目，如「庫存現金」和「銀行存款」科目；反應存貨的科目，如「原材料」和「庫存商品」；反應債權的科目，如「應收帳款」和「其他應收款」科目。

(2) 反應非流動資產的科目，如「固定資產」「累計折舊」「在建工程」「無形資產」等科目。

2. 負債類科目，是對負債要素的具體內容進行分類核算的項目，按負債的償還期限分

為反應流動負債的科目和反應非流動負債的科目。

（1）反應流動負債的科目。如「短期借款」「應付帳款」「應付職工薪酬」「其他應付款」「應交稅費」等科目。

（2）反應非流動負債的科目。如「長期借款」「應付債券」「長期應付款」等科目。

3. 共同類科目，是既有資產性質又有負債性質的科目，主要有「清算資金往來」「外匯買賣」「衍生工具」「套期工具」等科目。

4. 所有者權益類科目，是對所有者權益要素的具體內容進行分類核算的項目，如「實收資本」「資本公積」「盈餘公積」「本年利潤」和「利潤分配」等科目。

5. 成本類科目，是對可歸屬於產品生產成本、勞務成本等的具體內容進行分類核算的項目，按成本的內容和性質的不同可以分為反應製造成本的科目和反應勞務成本的科目。其中，反應製造成本的科目主要有「生產成本」「製造費用」等科目；反應勞務成本的科目有「勞務成本」科目。

6. 損益類科目，是對收入、費用等的具體內容進行分類核算的項目。根據企業經營損益形成的內容分為反應收入的科目和反應費用的科目。

（1）反應收入的科目，如「主營業務收入」「其他業務收入」「營業外收入」等科目。

（2）反應費用的科目，如「主營業務成本」「其他業務成本」「稅金及附加」「管理費用」「銷售費用」「財務費用」「營業外支出」「所得稅費用」等科目。

【技能訓練】

訓練目的： 1. 熟悉常見的會計科目名稱；
　　　　　　2. 瞭解會計科目的分類。

訓練要求： 1. 熟練經濟業務發生涉及的會計科目；
　　　　　　2. 能夠區分不同的會計科目種類。

訓練資料一： 寫出下列經濟業務發生時涉及的會計科目名稱

1. A企業用銀行存款購入全新機器一臺，價值500,000元；
2. 投資者投入原材料，價值100,000元；
3. A企業收到客戶應付的貨款100,000元，存入銀行；
4. 企業將一筆長期負債200,000元轉為企業的投資。

訓練資料二： 選擇下列表中各項目的會計科目分類：

項目	資產類	負債類	所有者權益類	成本類	損益類
本年利潤					
預收帳款					
預付帳款					
實收資本					
製造費用					
應付帳款					
應收帳款					

表(續)

項目	資產類	負債類	所有者權益類	成本類	損益類
管理費用					
資本公積					
投資收益					
庫存商品					
營業外收入					

任務三　掌握會計帳戶的內容及其關係

【任務引入】

知道了企業經濟業務所涉及的會計要素以及會計科目以後，如果一旦發生相應的經濟業務，如何進行簡單地記錄，如何記錄增加或減少，需要熟悉帳戶這一概念。

任務1：掌握帳戶的含義和分類。

任務2：掌握帳戶的基本結構。

【任務分析】

企業幾乎每天都要進行業務活動，如果要將每一筆業務都詳細地記錄，是一項耗時耗力的工作，而且也沒必要。這就要考慮可以用什麼方法將複雜的經濟業務簡單化，而不會影響最終的經營分析結果，下面我們就主要來學習會計帳戶這一非常重要的內容。

【相關知識】

一、會計帳戶與會計科目的關係

(一) 帳戶的概念

會計科目只是對會計對象具體內容進行分類的項目或名稱，還不能進行具體的會計核算。為了全面、序時、連續、系統地反應和監督會計要素的增減變動，還必須設置帳戶。帳戶是根據會計科目設置的，具有一定格式和結構，用以分門別類、系統、連續地記錄和反應會計要素增減變動情況及其結果的一種工具。

設置帳戶是會計核算的重要方法之一。帳戶使原始數據轉換為初始會計信息，通過帳戶可以對大量複雜的經濟業務進行分類核算，從而提供不同性質和內容的會計信息。由於帳戶以會計科目為依據，因而某一帳戶的核算內容具有獨立性和排他性，並在設置上要服從於會計報表的編報要求。

(二) 帳戶的分類

帳戶可根據其核算的經濟內容、用途和結構、提供信息的詳細程度及統馭關係進行分類。

1. 帳戶按經濟內容分類

帳戶按經濟內容分類是帳戶最基本、最主要的一種分類方法。由於會計核算和監督的經濟內容是企事業單位的資金運動，因而，按經濟內容的分類就是按帳戶所核算和監督的資金運動狀態分類。帳戶按經濟內容分類可分為資產類帳戶、負債類帳戶、共同類帳戶、所有者權益類帳戶、成本類帳戶和損益類帳戶六大類。這樣分類便於確切地瞭解各個帳戶的核算內容，並取得所需要的會計核算指標。

現以企業為例，說明各大類帳戶的具體分類。

（1）資產類帳戶。按照資產的流動性和經營管理上的需要，資產類帳戶又分為反應流動資產的帳戶和反應非流動資產的帳戶。

①反應流動資產的帳戶。按照各項流動資產的經濟內容又可分為：反應貨幣資金的帳戶，如「庫存現金」「銀行存款」等帳戶；反應結算債權的帳戶，如「應收帳款」「應收票據」「預付帳款」「其他應收款」等帳戶；反應流動性金融資產的帳戶，如「交易性金融資產」；反應存貨的帳戶，如「原材料」「庫存商品」等帳戶。

②反應非流動資產的帳戶。按照各項非流動資產的內容，又可分為「固定資產」「無形資產」「持有至到期投資」「可供出售金融資產」「長期股權投資」等帳戶。

（2）負債類帳戶。按照負債的償還期限長短等特性，又可分為反應流動負債的帳戶和反應非流動負債的帳戶。

①反應流動負債的帳戶。如「短期借款」「應付帳款」「應付職工薪酬」「其他應付款」「應交稅費」等帳戶。

②反應非流動負債的帳戶。如「長期借款」「應付債券」「長期應付款」等帳戶。

（3）共同類帳戶。如「清算資金往來」「外匯買賣」「衍生工具」等帳戶。

（4）所有者權益類帳戶。如「實收資本」帳戶、「資本公積」帳戶、「盈餘公積」帳戶、「本年利潤」等帳戶。

（5）成本類帳戶。如「製造費用」「生產成本」等帳戶。

（6）損益類帳戶。分為反應收入、費用帳戶，如「主營業務收入」帳戶、「主營業務成本」帳戶等。

2. 帳戶按照用途和結構分類

帳戶用途是指通過帳戶記錄能夠提供什麼核算指標，也就是設置和運用帳戶的目的。帳戶的結構是指在帳戶中如何記錄經濟業務以取得必要的核算指標。帳戶按照用途和結構，主要可以分為盤存類帳戶、結算類帳戶、權益資本類帳戶、集合分配帳戶、成本計算帳戶、收入帳戶、費用帳戶、財務成果帳戶、調整帳戶類等。

（1）盤存類帳戶

盤存帳戶是用來反應和監督各項財產物資和貨幣資金的增減變動及其實際結存數的帳戶，主要有「庫存現金」「銀行存款」「庫存商品」「固定資產」等帳戶。這類帳戶的共同點是都需要通過資產清查的方法來確定其實有數與帳面數是否相符，以核實財產物資和貨幣資金在管理和使用上是否存在問題。

（2）結算帳戶

結算帳戶是用來反應和監督企業同其他單位或個人之間的債權、債務結算情況的帳戶。結算帳戶按照結算業務的性質不同可分為債權結算帳戶、債務結算帳戶、債權債務結算

帳戶。

債權結算帳戶亦稱資產結算帳戶，是用來反應和監督企業同其他單位和個人之間債權結算業務的帳戶。例如「應收帳款」「應收票據」「其他應收款」等帳戶。

債務結算帳戶亦稱負債結算帳戶，用來反應和監督企業同其他單位和個人之間債務結算的帳戶，例如「應付帳款」「短期借款」「應付票據」等帳戶。

債權債務結算帳戶主要包括「應收帳款」帳戶，同時核算應收及預收帳款、應付及預付帳款，也有企業直接設置「其他往來」帳戶。

（3）權益資本帳戶

權益資本帳戶是用來反應和監督企業所有者對企業投資的增減變動和結存情況的帳戶，也稱所有者權益帳戶。主要包括「實收資本」「資本公積」「盈餘公積」等帳戶。

（4）集合分配帳戶

集合分配帳戶用來反應和監督企業生產經營過程中的某個階段所發生的各項費用的帳戶，主要有「製造費用」帳戶。

（5）成本計算帳戶

成本計算帳戶是用來反應和監督企業生產經營過程中某一階段所發生的應計入成本的全部費用，並確定各成本計算對象實際成本的帳戶。成本計算帳戶主要有生產成本、製造費用等帳戶。

（6）收入類帳戶

收入類帳戶是用來核算和監督企業在一定時期所取得的各種收入的帳戶。收入類帳戶主要有主營業務收入、其他業務收入、投資收益、營業外收入等帳戶。

（7）費用帳戶

費用帳戶反應和監督企業在一定會計期間所發生的應計入當期損益的各項費用。費用類帳戶主要有「主營業務成本」「其他業務成本」「管理費用」「稅金及附加」等帳戶。

（8）財務成果帳戶

財務成果帳戶反應和監督企業在一定時期內全部生產經營活動的最終成果的帳戶。例如「本年利潤」帳戶。

（9）調整帳戶

調整帳戶是為了調整被調整帳戶的餘額，以表示被調整帳戶的實際餘額而設置的帳戶。調整帳戶，按其調整的方向不同可以分為抵減帳戶、附加帳戶、備抵附加帳戶。

①抵減帳戶又叫備抵帳戶，用來抵減被調整帳戶的餘額，以求得被調整帳戶所反應的會計要素的實際餘額的帳戶。其調整方法為：

被調整帳戶餘額－備抵帳戶餘額＝被調整帳戶實際餘額　　　　　　　　　2-6

被調整帳戶的餘額與抵減帳戶的餘額方向相反。按照被調整帳戶的性質，抵減帳戶又可以分為資產備抵帳戶和權益備抵帳戶。

資產抵減帳戶包括「固定資產」的抵減帳戶「累計折舊」帳戶、「應收帳款」的抵減帳戶「壞帳準備」帳戶。

權益抵減帳戶主要有「本年利潤」的備抵帳戶「利潤分配」帳戶。

②附加帳戶是用來增加被調整帳戶的帳面餘額，以求得被調整帳戶實際餘額的帳戶。其調整方法為：

被調整帳戶餘額＋附加帳戶餘額＝被調整帳戶實際餘額 　　　　　　2-7
　　③備抵附加帳戶是指既可能用來抵減也可能用來附加被調整帳戶的帳面餘額，以求得被調整帳戶實際餘額的帳戶。
被調整帳戶餘額＋（－）備抵附加帳戶餘額＝被調整帳戶實際餘額 　　　　2-8
　　備抵附加帳戶主要有「原材料」帳戶的備抵附加帳戶「材料成本差異」帳戶。
　　3. 帳戶按提供信息的詳細程度及統馭關係分類
　　帳戶按提供資料的詳細程度及統馭關係分為總分類帳戶和明細分類帳戶。
　　（1）總分類帳戶
　　總分類帳戶是根據總分類科目設置的、只使用貨幣計量單位進行登記，用於對會計要素具體內容進行總括分類核算的帳戶，又稱為一級帳戶或總帳帳戶，總分類帳以下的帳戶統稱為明細分類帳戶。
　　（2）明細分類帳戶
　　明細分類帳戶是根據明細分類科目設置的、用來對會計要素具體內容進行明細分類核算的帳戶，簡稱明細帳，是對總分類帳的具體化和補充說明。
　　總分類帳戶和所屬明細分類帳戶的核算內容相同，只是反應內容的詳細程度有所不同。總分類帳戶統馭和控制所屬明細分類帳戶，明細分類帳戶從屬於總分類帳戶。例如在「原材料」總分類帳戶下，按原料及主要材料、輔助材料、燃燒等材料類別設置二級帳戶，在二級帳戶下再按照材料的品種等設置明細分類帳戶，提供詳細核算資料。
　　（三）帳戶與會計科目的聯繫和區別
　　會計科目與帳戶都是對會計對象具體內容的科學分類，兩者口徑一致，性質相同，會計科目是帳戶的名稱，也是設置帳戶的依據，帳戶與會計科目是既有聯繫，又有區別的兩個不同概念。
　　1. 會計科目和帳戶的聯繫
　　第一，會計科目是帳戶的名稱，也是設置帳戶的依據；帳戶則是根據會計科目來設置的，是會計科目的具體運用。因此，會計科目的性質決定了帳戶的性質，帳戶的分類和會計科目的分類一樣，可分為資產類帳戶、負債類帳戶、共同類帳戶、所有者權益類帳戶、收入類帳戶、費用類帳戶、利潤類帳戶等。
　　第二，按會計科目提供核算資料的詳細程度分類，相應地分為總分類帳戶和明細分類帳戶等。
　　第三，會計科目和帳戶對會計對象的經濟內容分類的方法、分類的用途及分類的結果是完全相同的。
　　第四，沒有會計科目，帳戶便失去了設置的依據；沒有帳戶，會計科目就無法發揮作用。
　　2. 會計科目和帳戶的區別
　　第一，會計科目僅僅是帳戶的名稱，不存在結構；而帳戶則具有一定的格式和結構。
　　第二，會計科目僅說明反應的經濟內容是什麼，而帳戶不僅說明反應的經濟內容是什麼，而且是系統反應和控制其增減變化及結餘情況的工具。
　　第三，會計科目的作用主要是為了開設帳戶、填憑證所運用；而帳戶的作用主要是提供某一具體會計對象的會計資料，為編制帳務報表所運用。

應當指出的是，在實際工作中，帳戶和會計科目這兩個概念已不加嚴格區別，往往互相通用。

二、會計帳戶的基本結構

從數量上看，發生經濟業務所引起的會計要素變動，無非是增加和減少兩個方面，因而帳戶也分為左方、右方兩個方面，一方登記增加，另一方登記減少。至於哪一方登記增加，哪一方登記減少，取決於所記錄經濟業務和帳戶的性質。登記本期增加的金額，稱為本期增加發生額；登記本期減少的金額，稱為本期減少發生額；增減相抵後的差額，稱為餘額，餘額按照表示的時間不同，分為期初餘額和期末餘額，其基本關係如下：

期末餘額＝期初餘額＋本期增加發生額－本期減少發生額　　　　　　　　　　2-9

上式中的四個部分稱為帳戶的四個金額要素。從帳戶的核心部分看，帳戶的基本格式如圖 2-1 所示。由於這種格式很像英文字母「T」，所以稱為「T」形帳戶或「丁」字形帳戶。

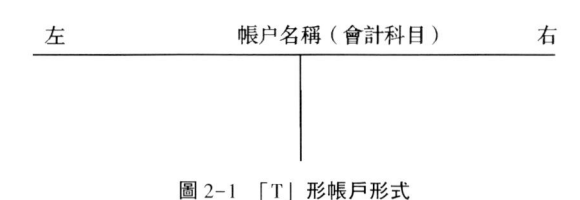

```
      左            帳戶名稱（會計科目）            右
                            |
```

圖 2-1　「T」形帳戶形式

三、會計帳戶記錄的內容及其關係

圖 2-1 只是帳戶結構的抽象圖示，而帳戶的格式有多種多樣，一般應包含以下內容：
1. 帳戶的名稱（即會計科目）；
2. 日期和摘要（概括說明經濟業務的內容）；
3. 憑證號數（說明帳戶記錄的依據）；
4. 增加金額和減少金額；
5. 結存額（餘額）。

一般的帳戶格式如表 2-4 所示。

表 2-4　　　　　　　　　　　　帳戶名稱（會計科目）

日期	憑證號數	摘要	增加額	減少額	餘額

【技能訓練】

訓練目的：1. 掌握帳戶的基本結構；
　　　　　　2. 理解帳戶與會計科目的關係。
訓練要求：1. 熟悉各類帳戶的結構；
　　　　　　2. 熟練經濟業務發生涉及的帳戶結構變化。
訓練資料一：根據以下業務的發生，分別設置相應的帳戶，並記錄業務發生涉及的帳戶變化。

1. 企業收到股東投入的價值 500,000 元的一套設備；
2. 向銀行存入現金 10,000 元；
3. 購入 12,000 元的原材料，但貨款未付；
4. 用 30,000 元現金支付工人工資。

訓練資料二：2014 年 3 月 1 日，佳能企業「銀行存款」帳戶的期初餘額為 43,980 元，3 月份該企業發生的存款收支經濟業務如下：

1. 3 日，向銀行借款 100,000 元，存入銀行；
2. 5 日，用銀行存款支付採購材料款項 56,000 元；
3. 10 日，提取現金 30,000 元，用於發放工資；
4. 13 日，取得轉帳支票一張，系銷售商品收入 46,000 元；
5. 22 日，向銀行送存現金 20,000 元；
6. 25 日，支取存款 5,000 元，用於支付水電費；
7. 31 日，用銀行存款支付借款利息 12,000 元。

要求：假定銀行存款帳戶的左邊登記增加額，右邊登記減少額，根據已知條件，開設「銀行存款」T 形帳戶，將上述業務記入該帳戶中，並計算該企業 3 月 31 日銀行存款帳戶的期末餘額。

任務四　掌握借貸復式記帳法

【任務引入】

學習了帳戶的一般結構，就需要確切地掌握針對某一具體的帳戶，到底哪一方記增加，哪一方記減少。

任務 1：掌握借貸記帳法下各類帳戶的基本結構。
任務 2：掌握記帳法的記帳規則。
任務 3：學會編制會計分錄。
任務 4：掌握試算平衡法。

【任務分析】

記帳的方法有很多，主要有單式記帳法和復式記帳法，而復式記帳法又分為三種，目前最常用的是借貸記帳法，帳戶的左邊記為借方，右邊記為貸方，至於哪一方記增加或減少，就要看具體的帳戶類型。下面我們就從記帳的方法學起。

【相關知識】

一、記帳方法

（一）記帳方法的意義和種類

記帳方法是在經濟業務發生以後，如何將其記錄登記在帳簿中的方法。記帳方法有兩類：一類是單式記帳法；另一類是復式記帳法。

1. 單式記帳法

單式記帳法是對發生的經濟業務，一般只在一個帳戶中進行記錄的記帳方法。例如，用銀行存款購買材料的業務發生後，僅在帳戶中記錄銀行存款的減少；也有同時在銀行存款帳和材料帳之間記錄的，但兩個帳戶之間沒有平衡相等的對應關係。

單式記帳法是一種比較簡單、不完整的記帳方法。它在選擇單方面記帳時，重點考慮的是現金、銀行存款以及債權債務方面發生的經濟業務。因此，一般只設置「庫存現金」「銀行存款」「應收帳款」「應付帳款」等帳戶，而沒有一套完整的帳戶體系，帳戶之間也形不成相互對應的關係，所以不能全面、系統地反應經濟業務的來龍去脈，也不便於檢查帳戶記錄的正確性。因此，多在個體經營和經濟業務非常簡單、單一的會計主體中使用。

2. 複式記帳法

複式記帳法是從單式記帳法發展而來的。複式記帳法是以資產與權益平衡關係作為記帳基礎，對於每一筆經濟業務，都要在兩個或兩個以上相互聯繫的帳戶中進行相互聯繫地登記，系統地反應資金運動變化結果的一種記帳方法。例如上述用銀行存款購買材料業務，按照複式記帳，則應以相等的金額，一方面在銀行存款帳戶中記錄銀行存款的付出業務；另一方面，在材料帳戶中記錄材料收入業務。

採用複式記帳法，由於對每項經濟業務都應在相互聯繫的帳戶中作雙重記錄，因而不僅可以瞭解每一項經濟業務的來龍去脈，而且在把全部的經濟業務都相互聯繫地登記入帳以後，可以通過帳戶記錄完整、系統地反應經濟活動的過程和結果。同時，由於對每項經濟業務都以相等的金額在有關帳戶中進行記錄，因而可以使用發生額試算平衡來檢查帳戶記錄是否正確。

（二）複式記帳法的特點

複式記帳法是以會計等式為依據建立的一種記帳方法，與單式記帳法相比較，複式記帳法有不可比擬的優越性。其特點是：

第一，對於每一項經濟業務，都在兩個或兩個以上相互關聯的帳戶中進行記錄。這樣，在將全部經濟業務都相互聯繫地記入各有關帳戶以後，通過帳戶記錄不僅可以全面、清晰地反應出經濟業務的來龍去脈，還能夠全面、系統地反應經濟活動的過程和結果。

第二，由於每項經濟業務發生後，都是以相等的金額在有關帳戶中進行記錄，因而可據以進行試算平衡，以檢查帳戶記錄是否正確。

（三）複式記帳方法

按記帳符號、記帳規則、試算平衡方式的不同，複式記帳法又可以分為借貸記帳法、增減記帳法和收付記帳法。借貸記帳法是世界上最早產生的一種複式記帳法，也是目前世界各國通用的一種「會計語言」。目前，中國的企業和行政、事業單位採用的記帳方法都是借貸記帳法。

二、借貸記帳法的記帳符號

（一）借貸記帳法的概念

借貸記帳法是指以「借」「貸」二字為記帳符號，對任何一筆經濟業務，都必須用借、貸相等的金額在兩個或兩個以上的有關帳戶中相互聯繫地進行登記的一種複式記帳方法。

> **知識連結：**借貸記帳法的發展
>
> 　　借貸記帳法產生於12世紀的義大利。當時由於海上貿易的不斷發展，所使用貨幣的種類、重量和成色等日益複雜，通過銀行轉帳結算便受到人們的普遍歡迎。銀行為了辦理轉帳結算業務，設計了「借」「貸」兩個記帳方向，將債權記入「借方」、將債務記入「貸方」。到了15世紀初期，人們除增設「資本」「損益」帳戶外，又增設了「餘額」帳戶，進行全部帳戶的試算平衡。隨後借貸記帳法傳遍歐洲、美洲等世界各地，成為世界通用的記帳方法。20世紀初由日本傳入中國，目前成為中國法定的記帳方法。

（二）借貸記帳法的記帳符號

　　顧名思義，借貸記帳法以「借」「貸」為記帳符號，分別作為帳戶的左方和右方。在借貸記帳法下，帳戶的借方和貸方分別用來反應金額的相反變化，即一方登記增加金額，一方登記減少金額，而不是所有帳戶的增加或減少的金額都登記在一個方向上。至於哪一方登記增加額，哪一方登記減少額，則取決於帳戶的性質，即它所要反應的經濟內容：是資產與費用，還是負債、所有者權益與收入。

　　「借」「貸」兩字的含義，最初是從銀行的角度來解釋的，即用來表示債權和債務的增減變動。隨著社會商品經濟的發展，經濟活動的內容日益複雜，記錄的經濟業務已不再局限於貨幣資金的借貸業務，而逐漸擴展到財產物資、經營損益等。為了求得帳簿記錄的統一，對於非貨幣資金借貸業務，也以「借」「貸」兩字記錄其增減變動情況。這樣，「借」「貸」兩字就逐漸失去原來的含義，而轉化為純粹的記帳符號，用以標明記帳方向。

三、借貸記帳法下帳戶的分類

　　借貸記帳法下帳戶的結構是每一個帳戶都分為「借方」和「貸方」，並且規定帳戶的左方為借方，帳戶的右方為貸方。現用「T」形帳戶歸納一下借貸記帳法下帳戶的借方和貸方所記錄的經濟內容，則上圖2-1就轉變為圖2-2的形式。

借	帳戶名稱（會計科目）	貸

圖2-2　借貸記帳法下帳戶的基本形式

　　採用借貸記帳法時，帳戶借貸雙方必須做相反方向的記錄。即對於每一個帳戶來說，如果規定借方用來登記增加額，則貸方就用來登記減少額；反之亦然。究竟哪一方登記增加，哪一方登記減少，則要根據帳戶的性質和經濟業務的具體內容而定，不同性質的帳戶，有著不同的結構。

（一）資產類帳戶的基本結構

　　資產類帳戶的基本結構是資產的增加額記入帳戶的借方，資產的減少額記入帳戶的貸方，期末若有餘額，一般在借方，表示資產的期末實有數額。資產類帳戶結構如圖2-3所示。

借	資產類帳	貸
資產的期初餘額		
資產本期增加額	資產本期減少額	
資產的期末餘額		

圖 2-3　資產類帳戶結構

資產類帳戶的期末餘額的計算公式是：
期末餘額＝期初餘額＋本期借方發生額－本期貸方發生額　　　　　　　　　　　2-10

（二）負債、所有者權益類帳戶的基本結構

由於會計平衡公式「資產＝負債＋所有者權益」所決定，負債、所有者權益類帳戶的基本結構與資產類帳戶的基本結構正好相反，所以此類帳戶的貸方登記負債、所有者權益的增加額，借方登記負債、所有者權益的減少額，若有期末餘額，一般在貸方，表示負債、所有者權益的現有數額。負債、所有者權益類帳戶結構如圖 2-4 所示。

借	負債、所有者權益類帳	貸
	負債、所有者權益的期初餘	
負債、所有者權益本期減少	負債、所有者權益本期增加	
	負債、所有者權益的期末餘	

圖 2-4　負債、所有者權益類帳戶結構

負債及所有者權益類帳戶期末餘額的計算公式是：
期末餘額＝期初餘額＋本期貸方發生額－本期借方發生額　　　　　　　　　　　2-11

（三）成本、費用類帳戶的基本結構

企業在生產經營過程中為取得收入便會發生各種耗費，這種耗費稱為成本、費用。發生的成本、費用，在未從收入中抵銷之前可以將其看成是一種資產。因此，成本、費用類帳戶的基本結構與資產類帳戶的基本結構基本相同。即當成本、費用增加時，將其數額登記在帳戶的借方，當成本、費用減少或轉銷時，將其數額登記在帳戶的貸方，期末一般沒有餘額。若因某種原因而有餘額時，其餘額在借方，表示尚未轉銷的數額。成本費用類的帳戶結構如圖 2-5 所示。

借	成本費用類帳戶	貸
成本費用增加額	成本費用減少或轉銷額	

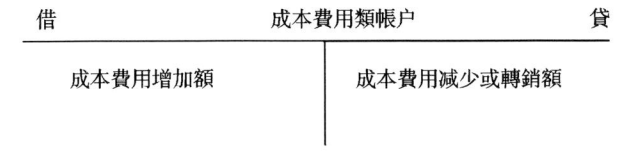

圖 2-5　成本費用類帳戶結構

（四）收入、收益類帳戶的基本結構

收入、收益類帳戶的基本結構與負債、所有者權益類帳戶的基本結構基本相同。因為在成本、費用一定的條件下，收入、收益的增加可以視為所有者權益的增加。因此，收入、收益類帳戶又是所有者權益性質的帳戶。其貸方登記收入、收益的增加額，借方登記收入、收益的減少或轉銷額，期末一般無餘額。若因某種原因而有餘額時，其餘額在貸方，表示尚未

轉銷的數額。其帳戶結構如圖 2-6 所示。

借	收入收益類帳戶	貸
收入收益減少或轉銷額		收入收益增加額

圖 2-6　收入收益類帳戶結構

　　綜上所述，成本、費用類帳戶可以納入資產類帳戶中，收入收益類帳戶可以納入負債及所有者權益類帳戶中。因此，帳戶的基本結構可以分成兩大類，即資產類帳戶（包括成本、費用類帳戶）和權益類帳戶（包括負債、所有者權益和收入、收益類帳戶），並且這兩大類帳戶的結構是相反的。在借貸記帳法下，帳戶餘額的方向表示帳戶的性質，即借方餘額說明帳戶屬於資產類；貸方餘額說明帳戶屬於權益類，這是借貸記帳法的一個特點。

　　上述兩類帳戶的內部關係，如下式：

資產類帳戶期末餘額＝期初餘額＋本期借方發生額－本期貸方發生額　　　　　2-12

權益類帳戶期末餘額＝期初餘額＋本期貸方發生額－本期借方發生額　　　　　2-13

　　根據以上對各類帳戶結構的說明，可以將帳戶借方和貸方所記錄的經濟內容加以歸納，如表 2-5 所示。

表 2-5　　　　　　　　　　　各類帳戶的結構

帳戶類型	借方	貸方	餘額
資產類	增加	減少	一般在借方
負債類	減少	增加	一般在貸方
所有者權益類	減少	增加	一般在貸方
收入收益類	減少（或轉銷）	增加	一般無餘額
成本費用類	增加	減少（或轉銷）	一般無餘額

　　期末，根據帳戶餘額的方向確定其反應的經濟業務的性質。期末餘額與期初餘額的方向相同，說明帳戶性質未變；如果期末餘額與期初餘額方向相反說明帳戶的性質發生了變化。

> **知識連結：借貸之歌**
> 借增貸減是資產，權益和它正相反；成本資產總相同，細細牢記莫弄亂；
> 損益帳戶要分辨，費用收入不一般；收入增加貸方看，減少借方和結轉。

　　例如「應收帳款」帳戶期初借方有餘額，反應尚未收回的帳款。如果期末仍為借方餘額，反應尚未收回的帳款，還是資產類帳戶；但如果期末出現貸方餘額，說明本期多收了，多收部分就轉化成預收帳款，就變成「負債類」帳戶了。其他類似的帳戶還有「應付帳款」「預收帳款」「預付帳款」等反應往來帳款的帳戶以及「待處理財產損溢」等。也就是說，這些帳戶實際上都是既反應資產，又反應負債；既反應債權，又反應債務的雙重性質的帳戶，應該根據它們的期末餘額方向來確定其性質，如果餘額在借方，是資產類帳戶，如果餘額在貸方則是負債類帳戶。

四、借貸記帳法的記帳規則

　　借貸記帳法的記帳規則為：有借必有貸，借貸必相等。即對於每一筆經濟業務都要在兩

個或兩個以上相互聯繫的帳戶中以借方或貸方相等的金額進行登記，力求反應經濟業務和資金運動的來龍去脈。

從上述兩類帳戶中不難分析，經濟業務無論怎樣複雜，均可概括為以下四種類型：
①資產與權益同時增加，總額增加；
②資產與權益同時減少，總額減少；
③資產內部有增有減，總額不變；
④權益內部有增有減，總額不變。

無論哪一類型的經濟業務，都將以相等的金額記入有關帳戶的借方，同時記入相關帳戶的貸方。現舉例說明如下：

【例2-6】企業收到投資者投資200,000元，存入銀行。此項業務中，一方面使資產類中的「銀行存款」帳戶增加200,000元，記入該帳戶借方；另一方面使所有者權益類中的「實收資本」帳戶增加200,000元，記入該帳戶貸方，借貸金額相等。這項經濟業務記帳的結果如下所示。

借	銀行存款	貸		借	實收資本	貸
200,000						200,000

【例2-7】企業收回寶珠企業所欠貨款150,000元。此項業務中，一方面使資產類中的「銀行存款」帳戶增加150,000元，記入該帳戶借方；另一方面使資產類中的「應收帳款」帳戶減少150,000元，記入該帳戶貸方，借貸金額相等。該項經濟業務記帳的結果如下所示。

借	銀行存款	貸		借	應收帳款	貸
150,000						150,000

【例2-8】企業購入原材料200,000元，貨款暫欠。此項業務中，一方面使資產類中「原材料」帳戶增加200,000元，記入該帳戶借方；另一方面使負債類中的「應付帳款」帳戶增加200,000元，記入該帳戶貸方，借貸金額相等。這項經濟業務記帳的結果如下所示。

借	原材料	貸		借	應付帳款	貸
200,000						200,000

【例2-9】企業用銀行存款歸還短期借款300,000元。此項業務中，一方面使負債類中「短期借款」帳戶減少300,000元，記入該帳戶借方；另一方面使資產類中的「銀行存款」帳戶減少300,000元，記入該帳戶貸方，借貸金額相等。這項經濟業務記帳的結果如下所示。

借	短期借款	貸		借	銀行存款	貸
300,000						300,000

【例2-10】企業用銀行存款支付利息80,000，支付職工工資180,000元。此項業務中，一方面使負債類中「應付利息」和「應付職工薪酬」帳戶分別減少80,000元和180,000元，記入該帳戶借方；另一方面使資產類中的「銀行存款」帳戶減少260,000元，記入該帳戶貸方，借貸金額相等。這項經濟業務記帳的結果如下所示。

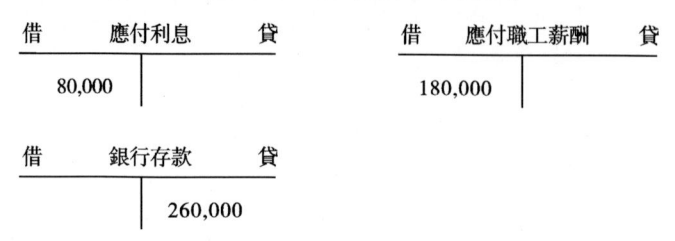

```
     借    應付利息    貸              借   應付職工薪酬   貸
         80,000                           180,000

     借    銀行存款    貸
                  260,000
```

所以，在借貸記帳法下，對任何類型的經濟業務，都一律採用「有借必有貸，借貸必相等」的記帳規則，若遇到複雜的經濟業務，需要登記在一個帳戶的借方和幾個帳戶的貸方，或相反，即一借多貸或多借一貸，借貸雙方的金額也必須相等。

> **知識連結：對應帳戶**
>
> 採用借貸記帳法，根據「有借必有貸，借貸必相等」的記帳規則登記每項經濟業務時，在有關帳戶之間就發生了應借、應貸的相互關係。帳戶之間的這種相互關係，叫作帳戶的對應關係。發生對應關係的帳戶，就稱作對應帳戶。
>
> 帳戶對應關係有以下兩點作用：
> (1) 通過帳戶的對應關係，可以瞭解經濟業務的內容。
> (2) 通過帳戶的對應關係，可以發現對經濟業務的處理是否符合有關經濟法規和財務會計制度。

五、借貸記帳法的應用——會計分錄

（一）會計分錄的概念

會計分錄簡稱分錄。它是指按照復式記帳的要求，對每項經濟業務列示出應借、應貸的帳戶名稱及其金額的一種記錄。在實務中，為了保證帳戶記錄的正確性，在把經濟業務記錄帳戶之前，應先確定經濟業務所涉及的帳戶及其應記的借貸方金額，然後再根據經濟業務發生時所取得的原始憑證，在記帳憑證中編制會計分錄。

（二）會計分錄的內容及分類

1. 會計分錄應當包括以下內容：
(1) 一組對應的記帳符號：借方和貸方；
(2) 涉及兩個或兩個以上的帳戶名稱；
(3) 借貸雙方的相等金額。

借貸記帳法下的會計分錄有固定的格式，在書寫上應該上借下貸，左右錯開。即先借後貸；貸方的文字和數字都要比借方後退兩格並且要對齊，金額也要對齊書寫；在一借多貸或一貸多借的情況下，借方或貸方的文字要對齊，金額也應對齊。

2. 按照所涉及帳戶的多少，會計分錄分為簡單會計分錄和複合會計分錄。

簡單會計分錄指只涉及一個帳戶借方和另一個帳戶貸方的會計分錄，即一借一貸的會計分錄；複合會計分錄指由兩個以上（不含兩個）對應帳戶所組成的會計分錄，即一借多貸、一貸多借或多借多貸的會計分錄。一般來講，複合會計分錄可以分解為若干簡單會計分錄。編制會計分錄時，習慣上先標借方、後標貸方，每一個會計科目占一行，借方與貸方錯位表示，以便醒目、清晰。

注意：無論是簡單會計分錄還是複合會計分錄，其編制步驟都是相同的。

（三）會計分錄的編制步驟

編制會計分錄，應按以下步驟進行：

1. 分析經濟業務事項涉及的是資產（費用、成本）還是權益（收入）。一項經濟業務發生後，首先分析該經濟業務所涉及的會計帳戶類型，看看是資產類帳戶、負債類帳戶、所有者權益類帳戶，還是收入類帳戶、費用（成本）類帳戶等。

2. 確定涉及哪些帳戶，是增加還是減少。

3. 確定應記入哪個（或哪些）帳戶的借方，哪個（或哪些）帳戶的貸方。

4. 確定應借應貸帳戶是否正確，借貸方金額是否相等。

前例 2-1-例 2-10 各項業務的會計分錄編寫如下：

【例2-11】借：銀行存款　　　　　　　　　　　　　　1,000,000
　　　　　　貸：實收資本　　　　　　　　　　　　　　1,000,000
【例2-12】借：應付帳款　　　　　　　　　　　　　　　180,000
　　　　　　貸：銀行存款　　　　　　　　　　　　　　　180,000
【例2-13】借：固定資產　　　　　　　　　　　　　　　500,000
　　　　　　貸：銀行存款　　　　　　　　　　　　　　　500,000
【例2-14】借：應付帳款　　　　　　　　　　　　　　　100,000
　　　　　　貸：短期借款　　　　　　　　　　　　　　　100,000
【例2-15】借：資本公積　　　　　　　　　　　　　　　300,000
　　　　　　貸：實收資本　　　　　　　　　　　　　　　300,000
【例2-16】借：銀行存款　　　　　　　　　　　　　　　200,000
　　　　　　貸：實收資本　　　　　　　　　　　　　　　200,000
【例2-17】借：銀行存款　　　　　　　　　　　　　　　150,000
　　　　　　貸：應收帳款　　　　　　　　　　　　　　　150,000
【例2-18】借：原材料　　　　　　　　　　　　　　　　200,000
　　　　　　貸：應付帳款　　　　　　　　　　　　　　　200,000
【例2-19】借：短期借款　　　　　　　　　　　　　　　300,000
　　　　　　貸：銀行存款　　　　　　　　　　　　　　　300,000
【例2-20】借：應付利息　　　　　　　　　　　　　　　　80,000
　　　　　　　應付職工薪酬　　　　　　　　　　　　　180,000
　　　　　　貸：銀行存款　　　　　　　　　　　　　　　260,000

六、借貸記帳法的試算平衡

為了檢驗一定時期內所發生經濟業務在帳戶中記錄的正確性，在會計期末應進行帳戶的

試算平衡。所謂試算平衡，是指根據資產與權益的恆等關係以及借貸記帳法的記帳規則，檢查所有帳戶記錄是否正確的過程，包括發生額試算平衡法和餘額試算平衡法兩種方法。

1. 發生額試算平衡法。它是根據本期所有帳戶借方發生額合計與貸方發生額合計的恆等關係，檢驗本期發生額記錄是否正確的方法。公式為：

全部帳戶本期借方發生額合計＝全部帳戶本期貸方發生額合計　　　　　　　2-14

在借貸記帳法中，根據「有借必有貸，借貸必相等」的記帳規則，每一筆經濟業務都要以相等的金額，分別記入兩個或兩個以上相關帳戶的借方和貸方，借貸雙方的發生額必然相等。推而廣之，將一定時期內的經濟業務全部記入有關帳戶之後，所有帳戶的借方發生額合計與貸方發生額合計也必然相等。

2. 餘額試算平衡法。它是根據本期所有帳戶借方餘額合計與貸方餘額合計的恆等關係，檢驗本期帳戶記錄是否正確的方法。根據餘額時間不同，又分為期初餘額平衡與期末餘額平衡兩類。期初餘額平衡是期初所有帳戶借方餘額合計與貸方餘額合計相等，期末餘額平衡是期末所有帳戶借方餘額合計與貸方餘額合計相等，這是由「資產＝負債＋所有者權益」的恆等關係決定的。公式為：

全部帳戶的借方期初餘額合計＝全部帳戶的貸方期初餘額合計　　　　　　　2-15

全部帳戶的借方期末餘額合計＝全部帳戶的貸方期末餘額合計　　　　　　　2-16

【例11】日辰企業在2014年4月30日有關總分類帳戶的餘額如表2-6所示。

表2-6　　　　　　　2014年4月30日日辰企業各總分類帳戶餘額表　　　　　單位：元

資產		負債		所有者權益	
庫存現金	20,000	短期借款	300,000	實收資本	4,000,000
銀行存款	1,800,000	應付帳款	280,000	資本公積	520,000
應收帳款	250,000	預收帳款	270,000	盈餘公積	370,000
原材料	390,000	應付職工薪酬	180,000	未分配利潤	1,000,000
庫存商品	620,000	應付利息	80,000		
長期股權投資	320,000	長期借款	3,000,000		
固定資產	5,400,000				
無形資產	1,200,000				
合計	10,000,000	合計	4,110,000	合計	5,890,000

假設該企業2014年5月份發生的業務如前例1-例10，編制總分類帳戶試算平衡表如表2-7所示。

表 2-7　　　　　　　　　　　　　　　試算平衡表　　　　　　　　　　　單位：元

帳　戶	期初借方餘額	期初貸方餘額	本期借方發生額	本期貸方發生額	期末借方餘額	期末貸方餘額
庫存現金	20,000				20,000	
銀行存款	1,800,000		1,350,000	1,240,000	1,910,000	
應收帳款	250,000			150,000	100,000	
原材料	390,000		200,000		590,000	
庫存商品	620,000				620,000	
長期股權投資	320,000				320,000	
固定資產	5,400,000		500,000		5,900,000	
無形資產	1,200,000				1,200,000	
短期借款		300,000	300,000	100,000		100,000
應付帳款		280,000	280,000	200,000		200,000
預收帳款		270,000				270,000
應付職工薪酬		180,000	180,000			0
應付利息		80,000	80,000			0
長期借款		3,000,000				3,000,000
實收資本		4,000,000		1,500,000		5,500,000
資本公積		520,000	300,000			220,000
盈餘公積		370,000				370,000
未分配利潤		1,000,000				1,000,000
合　計	10,000,000	10,000,000	3,190,000	3,190,000	10,660,000	10,660,000

在編制試算平衡表時，應注意以下幾點：

1. 必須保證所有帳戶的餘額均已記入試算平衡表。因為會計等式是對六項會計要素整體而言的，缺少任何一個帳戶的餘額，都會造成期初或期末借方餘額合計與貸方餘額合計不相等。

2. 如果試算平衡表借貸不相等，有可能是帳戶記錄出現錯誤，應認真查找，直到實現平衡為止。

3. 即便實現了有關三欄的平衡關係，也並不能說明帳戶記錄絕對正確，因為有些錯誤並不會影響借貸雙方的平衡關係。例如：①漏記某項經濟業務，將使本期借貸雙方的發生額發生等額減少，借貸仍然平衡；①重記某項經濟業務，將使本期借貸雙方的發生額發生等額虛增，借貸仍然平衡；②某項經濟業務記錯有關帳戶，借貸仍然平衡；④某項經濟業務在帳戶記錄中，顛倒了記帳方向，借貸仍然平衡；⑤借方或貸方發生額中，偶然發生多記少記並相互抵銷，借貸仍然平衡；等等。

因此在編制試算平衡表之前，應認真核對有關帳戶記錄，以消除上述錯誤。

【技能訓練】

訓練目的：1. 掌握借貸記帳法下各類帳戶的結構和記帳規則；
　　　　　　2. 掌握會計分錄的編制方法；
　　　　　　3. 理解試算平衡的理論依據。

訓練要求：1. 熟練計算各帳戶的發生額、餘額；
　　　　　　2. 根據經濟業務的發生，熟練編制會計分錄；
　　　　　　3. 編制試算平衡表。

訓練資料一：根據借貸記帳法的帳戶結構，計算帳戶金額指標，並填入相應的地方。

表 2-8　　　　　　　某企業年末有關帳戶的部分資料　　　　　　單位：元

帳戶名稱	期初餘額 借方	期初餘額 貸方	本期發生額 借方	本期發生額 貸方	期末餘額 借方	期末餘額 貸方
庫存現金	52,000		80,000	50,000	( )	
銀行存款	200,000		( )	320,000	330,000	
固定資產	( )		100,000	0	700,000	
應收帳款	148,000		110,000	( )	128,000	
應付帳款		( )	140,000	100,000		90,000
長期借款		200,000	100,000	110,000		( )
實收資本		500,000	0	( )		700,000
資本公積		170,000	0	70,000		( )

訓練資料二：練習借貸記帳法下的帳戶登記方法和試算平衡。

表 2-9　　　　某企業本月初有關總分類帳戶的餘額　　　　單位：元

帳戶名稱	月初餘額	帳戶名稱	月初餘額
庫存現金	3,200	短期借款	7,000
銀行存款	30,000	應付帳款	6,000
應收帳款	10,000	長期借款	40,000
原材料	12,000	實收資本	80,000
固定資產	86,000	資本公積	8,200

該企業本月發生如下經濟業務：

1. 企業收到投資者投資 10,000 元存入銀行。
2. 企業用銀行存款 5,000 元償還短期借款。
3. 企業以銀行存款 3,000 元購買材料。
4. 企業從銀行借入短期借款 6,000 元，直接償還應付帳款。

要求：

(1) 根據所發生的經濟業務登記有關總分類帳戶；

（2）編制每筆業務發生的會計分錄；
（3）根據帳戶的登記結果，編制「總分類帳戶發生額及餘額試算平衡表」。

【項目總結】

　　本項目主要圍繞企業的記帳方法展開，通過分析各會計要素之間的相互關係，引出會計恆等式；對每一業務進行分門別類，便於記帳過程中的業務梳理；分析記帳的方法，帳戶的結構，最終得出如何用借貸記帳法進行記帳以及檢驗記帳的正確與否的方法。

　　在這一項目中，重點是如何進行記帳的問題，掌握借貸記帳法的帳戶結構、記帳規則、會計分錄的編制以及檢驗的方法——試算平衡法。在學習過程中，要求學生首先必須熟悉常用的會計科目名稱，掌握各種帳戶的基本結構，需要通過練習加以理解和鞏固。

項目三
運用借貸記帳法進行工業企業業務核算

【學習目標】
- 掌握資金籌集業務的帳戶設置及核算
- 掌握供應過程業務的帳戶設置及核算
- 掌握生產過程業務的帳戶設置及核算
- 掌握銷售過程業務的帳戶設置及核算
- 掌握利潤形成和利潤分配業務的帳戶設置及核算

【技能目標】
- 熟悉企業經營過程中各業務相對應的帳戶設置
- 能夠對企業經營過程中所涉及的各項經濟業務進行相應的核算

任務一 籌集資金的核算

【任務引入】

什麼是會計？作為會計初學者這是一個共同的疑問。要瞭解會計、懂得會計，就必須先來認識與會計密切相關的一個概念——企業。

任務1：瞭解企業的類別。

任務2：認識不同企業的經營業務。

【任務分析】

作為一種單位組織，除了企業，還有行政、事業單位等，它們也存在會計、需要會計，但本書主要講述的是企業會計，行政、事業單位會計在其他相關課程中涉及，因此現在主要圍繞企業，瞭解企業的不同類別，認識它們各自不同的經營業務。本項目將圍繞下述企業展開各項經營業務的核算。

王剛、李明以及張亮三名同學系某高職院校大三學生，大學畢業後準備自主創業，經過多方調研，最終決定三人合夥開辦一家食品加工廠，成立一家新東方有限責任公司，註冊資金50萬元。而目前擺在他們面前的首要問題是資金不足，於是他們首先通過各種渠道來籌集資金，下面就以他們籌集資金的渠道來展開相關業務的核算。

【相關知識】

籌集資金的方式一般有兩種，分別是投資者投入和借入資金兩種方式。

一、投入資本的核算

（一）註冊資本金制度

註冊資本是企業法人在工商行政管理部門登記的註冊資金，而且是從法律角度描述的註冊資金，註冊資本金要寫入營業執照並將其掛在牆上。

成立公司必須經有關行政管理部門批准並登記，註冊資本是根據有關法律規定的限額所註冊的投資額。註冊資本即是實收資本。

新公司法規定，成立公司，註冊資本金不必一步到位，可先到位20%，其餘80%兩年內到位，也就是說王剛、李明以及張亮要合夥開辦公司，必須先籌集資金最少10萬元，剩餘的40萬元可在今後兩年內逐步到位。

> **知識連結**：新公司法關於最低註冊資本的相關規定：
> 有限責任公司註冊資本的最低限額為人民幣3萬元（新公司法第二十六條）；
> 一人有限責任公司註冊資本最低限額為10萬元，且股東應當一次繳足出資額（新公司法第五十九至六十四條）；
> 股份有限公司註冊資本的最低限額為500萬元（新公司法第八十一條）；
> 國際貨運代理有限公司註冊資本最低限額為500萬元；
> 人力資源有限公司註冊資本最低限額為50萬元；
> 勞務派遣有限公司註冊資本最低限額為200萬元；
> 房地產開發有限公司註冊資本最低限額為100萬元。

（二）帳戶的設置

企業在進行資金籌集的核算過程中需要設置多個帳戶，主要是「實收資本」和「資本公積」。

1. 「實收資本」帳戶

（1）帳戶性質：該帳戶屬於所有者權益類帳戶；

（2）帳戶核算內容：用於核算投資者投入和資本公積、盈餘公積轉贈等得實收資本；

（3）帳戶結構：如3-1所示，是T形帳戶。

借方	貸方
規定退回給投資者的金額	企業實際收到的資本金
	餘額：企業實際的資本金總額

圖 3-1　帳戶結構

（4）明細帳設置：該帳戶可按照投資者設置明細分類帳，進行明細分類核算。

當企業收到投資者作為資本投入的貨幣資金時，應借記「銀行存款」，貸記「實收資本」；當投資者投入固定資產時，應借記「固定資產」，貸記「實收資本」；當投資者投入無

形資產時，應借記「無形資產」，貸記「實收資本」。
2.「資本公積」帳戶
(1) 帳戶性質：該帳戶屬於所有者權益類帳戶。
(2) 帳戶核算內容：用於核算投資者出資超出其註冊資本的部分。
(3) 帳戶結構：如圖 3-2 所示，是 T 形帳戶。

借方	貸方
企業由於轉增資本、彌補虧損原因引起的資本公積減少數額	企業取得的資本公積增加數額
	餘額：企業資本公積的實有數額

圖 3-2　帳戶結構

(4) 明細帳設置：該帳戶可設置「資本溢價」「其他資本公積」等明細帳，進行明細核算。

當企業接受投資者投入的資本等形成資本公積時，借記有關帳戶，貸記「實收資本」和「資本公積」。

3.「固定資產」帳戶

固定資產是企業生產經營過程中的重要生產資料。固定資產是指為生產產品、提供勞務、出租或經營管理而持有的，使用壽命超過一個會計期間，單位價值較高的有形資產。
(1) 帳戶性質：該帳戶屬於資產類帳戶。
(2) 帳戶核算內容：用於核算企業固定資產原價的增減變動及結存情況。
(3) 帳戶結構：如圖 3-3 所示，是 T 形帳戶。

借方	貸方
各種來源固定資產原值的增加數額	各種原因固定資產原值的減少數額
餘額：現有固定資產的原價	

圖 3-3　帳戶結構

(4) 明細帳設置：按固定資產的類別設二級帳，按固定資產的項目設置明細帳。
4.「無形資產」帳戶
(1) 帳戶性質：該帳戶屬於資產類帳戶。
(2) 帳戶核算內容：用於核算企業無形資產的增減變動及結餘情況。
(3) 帳戶結構：如圖 3-4 所示，是 T 形帳戶。

借方	貸方
取得成本登記無形資產的增加額	無形資產的減少
餘額：現有無形資產的成本	

圖 3-4　帳戶結構

(4) 明細帳設置：按照無形資產的項目設置明細帳。

5.「銀行存款」帳戶
(1) 帳戶性質：該帳戶屬於資產類帳戶。
(2) 帳戶核算內容：用於核算銀行存款的增減變動及結存情況。
(3) 帳戶結構：如圖 3-5 所示，是 T 形帳戶。

借方	貸方
企業銀行存款的增加額	企業銀行存款的減少額
餘額：企業銀行存款的實有數額	

圖 3-5　帳戶結構

(三) 核算舉例

新東方有限責任公司在成立之初，三位投資者的投資方式如下：

【例 3-1】王剛以貨幣資金形式打入 50,000 元，存入公司銀行帳戶。其帳務處理：

資金運動分析：發生這筆經濟業務，一方面公司的銀行存款增加，應計入「銀行存款」的借方；另一方面投資者的投資額增加了，即所有者權益增加，應計入「實收資本」的貸方。

借：銀行存款　　　　　　　　　　　　　　　　　　　50,000
　　貸：實收資本——王剛　　　　　　　　　　　　　　50,000

【例 3-2】李明投入機器設備一臺，價值 20,000 元。其帳務處理：

資金運動分析：發生這筆經濟業務，一方面公司的固定資產增加，應計入「固定資產」的借方，另一方面投資者李明的投資額增加了，即公司的所有者權益增加，應計入「實收資本」的貸方。

借：固定資產　　　　　　　　　　　　　　　　　　　20,000
　　貸：實收資本——李明　　　　　　　　　　　　　　20,000

【例 3-3】張亮投入家中某一項土地使用權，經商定並經房產管理部門評估，該土地使用權的價值為 50,000 元。其帳務處理：

資金運動分析：發生這筆經濟業務，土地使用權屬於無形資產，一方面公司的無形資產增加了，應計入「無形資產」的借方，另一方面投資者張亮的投資額增加了，即公司的所有者權益增加，應計入「實收資本」的貸方。

借：無形資產——土地使用權　　　　　　　　　　　　50,000
　　貸：實收資本——張亮　　　　　　　　　　　　　　50,000

【例 3-4】收到好友轉贈二手汽車一輛，市價 30,000 元。

資金運動分析：發生這筆經濟業務，一方面公司的固定資產增加了，應計入「固定資產」的借方，另一方面轉贈的資產應計入「資本公積」帳戶中的貸方。

借：固定資產　　　　　　　　　　　　　　　　　　　30,000
　　貸：資本公積——其他資本公積　　　　　　　　　　30,000

二、借入資金的核算

(一) 借款的分類

借入資金是企業向銀行或其他債權人借入的資金，企業在生產經營過程中，由於週轉資金不足或為了擴大生產經營規模，可以向銀行或其他金融機構或債權人借款，按照借款時間的長短不同分為短期借款和長期借款。企業借入的款項必須按照債權人規定的用途使用，按期支付利息，到期歸還本金。

(二) 帳戶的設置

企業借入資金需要設置「短期借款」和「長期借款」兩個帳戶。

1. 「短期借款」帳戶

(1) 帳戶性質：該帳戶屬於負債類帳戶。

(2) 帳戶核算內容：用於核算企業向銀行、其他金融機構和債權人借入的還款期限在一年以下（含一年）的各種借款。

(3) 帳戶結構：如圖 3-6 所示，是 T 形帳戶。

借方	貸方
本期歸還的本金數額	借入的本金數額
	餘額：尚未償還的借款本金

圖 3-6　帳戶結構

當企業借入各種短期借款時，借記「銀行存款」帳戶，貸記「短期借款帳戶」；當企業歸還各種短期借款時，借記「短期借款」帳戶，貸記「銀行存款」帳戶。

2. 「長期借款」帳戶

(1) 帳戶性質：該帳戶屬於負債類帳戶。

(2) 帳戶內容：用於核算企業向銀行、其他金融機構和債權人借入的還款期限在一年以上（不含一年）的各種借款。

(3) 帳戶結構：如圖 3-7 所示，是 T 形帳戶。

借方	貸方
本期歸還的本金數額	借入的本金數額
	餘額：尚未償還的借款本金

圖 3-7　帳戶結構

當企業借入各種短期借款時，借記「銀行存款」帳戶，貸記「長期借款」帳戶；當企業歸還各種短期借款時，借記「長期借款」帳戶，貸記「銀行存款」帳戶。

3. 「財務費用」帳戶

(1) 帳戶性質：該帳戶屬於損益類帳戶。

(2) 帳戶核算內容：用於核算企業為籌集生產經營活動所需資金而發生的費用，包括利息支出（減利息收入）、匯兌損失（減匯兌收益）以及相關的手續費等。

(3) 帳戶結構：該帳戶期末餘額應轉入「本年利潤」帳戶，結轉後本帳戶無餘額。如圖 3-8 所示，是 T 形帳戶。

借方	貸方
利息支出	利息收入
匯兌損失	匯兌收益
相關手續費	期末結轉數

圖 3-8　帳戶結構

4.「應付利息」帳戶
（1）帳戶性質：該帳戶屬於負債類帳戶。
（2）帳戶核算內容：用於核算企業按照合同約定支付的借款利息費用。
（3）帳戶結構：如圖 3-9 所示，是 T 形帳戶。

借方	貸方
利息費用實際支出數額	按合同利率計算確定的應付未付的利息
	餘額：企業應付未付的利息

圖 3-9　帳戶結構

（4）明細帳設置：可按照存款人或債權人進行明細核算。
（三）核算舉例

【例 3-5】2014 年 2 月 1 日新東方有限公司向銀行借入 2 個月短期借款 50,000 元，年利率 6%，到期還本付息，所借款項已存入銀行。利息在款項到期時一起歸還。其帳務處理：

資金運動分析：發生這筆經濟業務，當借入款項時，銀行存款增加，應計入「銀行存款」的借方，同時公司的短期債務增加，應按照所借本金計入「短期借款」的貸方；每月預提利息時，利息支出增加，應計入「財務費用」的借方，所計算的利息實際尚未支付，應計入「應付利息」的貸方；到期還款時，一方面銀行存款減少，減少額應是所借款項的本金和利息之和，計入「銀行存款」貸方，另一方面，款項歸還，短期負債減少，本金應計入「短期借款」的借方，實際支付的利息應計入「應付利息」的借方。

借入短期借款時：
　借：銀行存款　　　　　　　　　　　　　　　　　　50,000
　　貸：短期借款　　　　　　　　　　　　　　　　　　　　50,000
2 月底，預提利息：
　借：財務費用　　　　　　　　　　　　　　　　　　　　250
　　貸：應付利息　　　　　　　　　　　　　　　　　　　　　250
3 月底，預提利息：
　借：財務費用　　　　　　　　　　　　　　　　　　　　250
　　貸：應付利息　　　　　　　　　　　　　　　　　　　　　250
3 月 31 日，付清銀行的利息並歸還本金：
　借：應付利息　　　　　　　　　　　　　　　　　　　　500
　　　短期借款　　　　　　　　　　　　　　　　　　　50,000
　　貸：銀行存款　　　　　　　　　　　　　　　　　　　　50,500

【例3-6】新東方有限公司欲擴建廠房，於是向銀行借入期限5年，年利率為6%的長期借款200,000元，每年計息一次（單利），到期一次還本付息，該廠房第四年交付使用。其帳務處理：

資金運動分析：發生這筆經濟業務，當借入款項時，一方面銀行存款增加，應計入「銀行存款」的借方，另一方面公司的長期負債增加，應計入「長期借款」的貸方；每年計息一次，計提時，一方面長期借款增加，計入「長期借款」貸方，另一方面，廠房尚未使用時，應為在建工程，計入「在建工程」借方，一旦交付使用則應計入「財務費用」借方；到期還款時，一方面公司的存款減少，應計入「銀行存款」貸方，另一方面公司的長期負債減少，應計入「長期負債」的借方。

借入長期借款時：

借：銀行存款	200,000
貸：長期借款	200,000

第一年計提應付利息 200,000×6% = 12,000元

借：在建工程	12,000
貸：長期借款	12,000

第二年計提應付利息 200,000×6% = 12,000元

借：在建工程	12,000
貸：長期借款	12,000

第三年計提應付利息 200,000×6% = 12,000元

借：在建工程	12,000
貸：長期借款	12,000

第四年計提應付利息 200,000×6% = 12,000元

借：財務費用	12,000
貸：長期借款	12,000

第五年計提應付利息 200,000×6% = 12,000元

借：財務費用	12,000
貸：長期借款	12,000

到期一次還本付息

借：長期借款	260,000
貸：銀行存款	260,000

> **小提示**：上述例6中的長期借款按單利計息，若按複利計息，則每年計提利息時，其本金應加入以前年度的利息在內，即本金是不斷增加的。

> **知識連結**：長期借款的利息因用途不同而有不同的處理方法
> 1. 若所借款項用於固定資產的構建，則在固定資產尚未竣工交付使用前，應借記「在建工程」，貸記「長期借款」，即利息應該計入固定資產的構建成本中；若固定資產完工並已交付使用，借記「財務費用」，貸記「長期借款」。
> 2. 若所借款項的用途與固定資產無關，則借記「財務費用」，貸記「長期借款」。

【技能訓練】

訓練目的：1. 使學生掌握各類帳戶的應用；
　　　　　　2. 讓學生能夠對籌集資金過程中的各項經濟業務進行帳務處理。
訓練要求：1. 瞭解資金的運動過程；
　　　　　　2. 能夠根據所發生的今年估計業務進行相應的帳務處理，編寫會計分錄。
訓練資料：甲公司正處於籌建階段，現發生如下經濟業務：

1. 收到投資者王某投資額 100,000 元，存入銀行；
2. 收到乙公司投資的設備一臺，按照雙方協議價值 150,000 元入帳；
3. 丙公司以非專利技術投資，雙方協商價值 80,000 元；
4. 由於資金不足，向銀行借款 200,000 元，期限半年，利率為 5%，到期一次性償還本息，所借款項已存入銀行；
5. 現需購買機器設備一臺，向銀行借入 2 年期，利率為 7% 的款項 300,000 元，錢已存入銀行，利息每半年償還一次。

任務二　供應過程的核算

【任務引入】

作為一家企業，特別是生產型企業在資金到位之後，下一步即是要為生產做準備。
任務 1：企業進行生產之前需要做哪些準備？

【任務分析】

新東方有限責任公司資金已經籌集到位，所謂巧婦難為無米之炊，要進行食品加工生產，必須要有原材料，於是公司又進入到緊張的原材料採購等階段，下面將圍繞該公司的供應過程所涉及的經濟業務展開相關核算。

【相關知識】

一、供應過程的主要經濟業務

供應過程業務的核算主要包括固定資產的購建以及材料採購業務兩方面內容。核算該經濟業務涉及的帳戶包括「原材料」「在建工程」「在途物資」「應付帳款」「應付票據」以及「預付帳款」等。

1. 「原材料」帳戶
(1) 帳戶性質：該帳戶屬於資產類帳戶；
(2) 帳戶核算內容：用於核算企業庫存各種材料的增減變動及其結餘等；
(3) 帳戶結構：如圖 3-10 所示，是 T 形帳戶。

借方	貸方
已驗收入庫原材料的實際成本	發出材料的實際成本
餘額：庫存原材料的實際成本	

圖 3-10　帳戶結構

　　（4）明細帳設置：該帳戶可按照材料的類別、品種和規格設置明細分類帳，進行明細分類核算。
　　當企業購入原材料，若貨到並且款已付時，應借記「原材料」，貸記「銀行存款」「應付票據」等帳戶；若款已付而貨未到時，應借記「在途物資」，貸記「銀行存款」「應付票據」等，當材料到達並已驗收入庫後，應借記「原材料」，貸記「在途物資」；若貨已到，而款未付時，應借記「原材料」，貸記「應付帳款」。
　　2.「在建工程」帳戶
　　（1）帳戶性質：該帳戶屬於資產類帳戶。
　　（2）帳戶核算內容：用於核算企業進行基建工程、安裝工程、技術改造工程、大修理工程等發生的實際支出。
　　（3）帳戶結構：如圖 3-11 所示，是 T 形帳戶。

借方	貸方
建造和安裝工程所發生的全部支出	工程完工結轉的實際成本
餘額：尚未完工的建造、安裝工程等發生的實際支出	

圖 3-11　帳戶結構

　　（4）明細帳設置：該帳戶按在建工程的項目設置明細分類帳，進行明細分類核算。
　　當企業自行建造固定資產時，應借記「固定資產」，貸記「在建工程」帳戶；當企業外購固定資產，若需要安裝才能交付使用，應先記入「在建工程」帳戶，待安裝完畢並交付使用後再記入「固定資產」帳戶。
　　3.「在途物資」帳戶
　　（1）帳戶性質：該帳戶屬於資產類帳戶。
　　（2）帳戶核算內容：用於核算企業已經採購但尚未到達或者尚未驗收入庫的材料採購成本等。
　　（3）帳戶結構：如圖 3-12 所示，是 T 形帳戶。

借方	貸方
購入材料的採購成本	已經驗收入庫的材料採購成本
餘額：尚未到達企業或已經到達企業但尚未入庫的在途材料的採購成本	

圖 3-12　帳戶結構

　　（4）明細帳設置：該帳戶可按照材料的品種和供應單位設置明細分類帳，進行明細分類核算。

4.「應付帳款」帳戶
(1) 帳戶性質：該帳戶屬於負債類帳戶。
(2) 帳戶核算內容：用於核算企業因購買材料、商品和接受勞務等經營活動應支付給供應單位的款項。
(3) 帳戶結構：如圖 3-13 所示，是 T 形帳戶。

借方	貸方
應付帳款的償還額	應付未付款項的發生額
餘額：企業預付的款項	餘額：企業尚未償還的款項

圖 3-13　帳戶結構

(4) 明細帳設置：該帳戶可按照供應單位設置明細分類帳，進行明細分類核算。
(5) 帳務處理：
當企業購入材料、商品等或接受勞務所產生的應付帳款，應按應付金額入帳。購入材料、商品等驗收入庫，但貨款尚未支付，根據有關憑證（發票帳單、隨貨同行發票上記載的實際價款或暫估價值），借記「原材料」「在途物資」等科目，按可抵扣的增值稅稅額，借記「應交稅費——應交增值稅（進項稅額）」科目，按應付的價款，貸記「應付帳款」科目。企業接受供應單位提供勞務而發生的應付未付款項，根據供應單位的發票帳單，借記「生產成本」「管理費用」等科目，貸記「應付帳款」科目。

企業償還應付帳款或開出商業匯票抵付應付帳款時，借記「應付帳款」科目，貸記「銀行存款」「應付票據」等科目。

企業轉銷確實無法支付的應付帳款，應按其帳面餘額記入營業外收入，借記「應付帳款」科目，貸記「營業外收入」科目。

5.「應付票據」帳戶
(1) 帳戶性質：該帳戶屬於負債類帳戶。
(2) 帳戶核算內容：用於核算企業購買材料、商品和接受勞務供應等開出、承兌的商業匯票，包括銀行承兌匯票和商業承兌匯票。
(3) 帳戶結構：如圖 3-14 所示，是 T 形帳戶。

借方	貸方
應付票據的已償付金額	企業開出、承兌的應付票據金額
	餘額：企業尚未償付的應付票據款

圖 3-14　帳戶結構

(4) 明細帳設置：該帳戶可按照債權人設置明細分類帳，進行明細分類核算。
6.「預付帳款」帳戶
(1) 帳戶性質：該帳戶屬於資產類帳戶。
(2) 帳戶核算內容：用於核算企業按照購貨合同的規定預付給供應單位的款項。
(3) 帳戶結構：如圖 3-15 所示，是 T 形帳戶。

借方	貸方
預付及補付的款項	購買貨物所需支付的款項及退回多餘的款項
餘額：期末尚未結算的預付款項	餘額：企業期末尚未補付的款項

圖 3-15　帳戶結構

（4）明細帳設置：該帳戶可按供應單位設置明細分類帳，進行明細分類核算。

二、固定資產的核算

（一）固定資產的含義

固定資產指為生產產品、提供勞務、出租或經營管理而持有的、使用年限超過一年、單位價值較高的資產，包括房屋、建築物、機器、機械、運輸工具以及其他與生產、經營有關的設備、器具、工具等。不屬於生產經營主要設備的物品，單位價值在 2,000 元以上，並且使用期限超過兩年的，也應作為固定資產。

企業應當根據固定資產定義，結合本企業的具體情況，制定適合於本企業的固定資產目錄、分類方法、每類或每項固定資產的折舊年限、折舊方法和預計淨殘值，作為進行固定資產核算的依據。

（二）固定資產的計價方式

固定資產應按其取得時的成本作為入帳價值，取得時的成本包括買價、進口關稅等稅金、運輸和保險等相關費用，以及為使固定資產達到預定可使用狀態前必要的支出。固定資產取得時的成本應當根據具體情況分別確定：

（1）外購固定資產的成本包括買價、增值稅、進口關稅等相關稅費，以及為使固定資產達到預定可使用狀態前所發生的可直接歸屬於該資產的其他支出，如場地整理費、運輸費、裝卸費、安裝費和專業人員服務費等。

（2）自製、自建的固定資產，按建造該項資產達到預定可使用狀態前所發生的必要支出作為其成本。

（3）投資者投入的固定資產，按投資各方確認的價值作為其成本。

（4）融資租入的固定資產，按照租賃協議或者合同確定的價款，加上運輸費、途中保險費、安裝調試費以及融資租入固定資產達到預定可使用狀態前發生的利息支出和匯兌損益後的金額作為其成本。

（5）接受捐贈的固定資產，捐贈方提供了有關憑據的，按憑據上標明的金額加上應支付的相關稅費，作為固定資產的成本；如果捐贈方未提供有關憑據，則按其市價或同類、類似固定資產的市場價格估計的金額，加上由企業負擔的運輸費、保險費、安裝調試費等作為固定資產成本。

（6）盤盈的固定資產，按其市價或同類、類似固定資產的市場價格，減去按該項資產的新舊程度估計的價值損耗後的餘額作為其成本。

（7）經批准無償調入的固定資產，按調出單位的帳面價值加上發生的運輸費、安裝費等相關費用作為其成本。

（三）購建固定資產的帳務處理

1. 購入不需要安裝的固定資產

按買價加上相關稅費以及使固定資產達到預定可使用狀態前的其他支出作為入帳價值，借記固定資產科目，貸記「銀行存款」等科目。購入需要安裝的固定資產，先記入「在建工程」科目，待安裝完畢交付使用時再轉入固定資產科目。

2. 自行建造完成的固定資產

按建造資產達到預定可使用狀態前所發生的必要支出作為入帳價值，借記固定資產科目，貸記「在建工程」科目。

建造資產達到預定可使用狀態前所發生的必要支出，包括企業以專門借款購建的固定資產，在達到預定可使用狀態前實際發生的借款費用等。

3. 投資者投入的固定資產，按投資各方確認的價值，借記固定資產科目，貸記「實收資本」等科目。

4. 融資租入的固定資產

應當在固定資產科目項下單設明細科目進行核算。企業應在租賃開始日，按租賃協議或者合同確定的價款、運輸費、途中保險費、安裝調試費以及融資租入固定資產達到預定可使用狀態前發生的借款費用等，借記固定資產科目（融資租入固定資產），按租賃協議或者合同確定的設備價款，貸記「長期應付款——應付融資租賃款」科目，按支付的其他費用，貸記「銀行存款」等科目。租賃期滿，如合同規定將固定資產所有權轉歸承租企業，應進行轉帳，將固定資產從「融資租入固定資產」明細科目轉入有關明細科目。

5. 接受捐贈的固定資產

按確定的入帳價值，借記固定資產科目，貸記「待轉資產價值」科目。

6. 盤盈的固定資產

按其市價或同類、類似固定資產的市場價格，減去按該項資產的新舊程度估計的價值損耗後的餘額，借記固定資產科目，貸記「營業外收入」科目。

7. 經批准無償調入的固定資產

按確定的成本，借記固定資產科目，貸記「資本公積」科目。

（四）核算舉例

【例3-7】新東方公司管理部門購進打印傳真機一臺，發票價款為5,000元，增值稅率為17%，款項通過銀行支付。

資金運動分析：公司購入不需要安裝的固定資產，計入「固定資產」的借方；同時購置固定資產增值稅的進項稅額增加，計入「應交稅費——應交增值稅」的借方；另外，銀行存款減少，計入「銀行存款」的貸方。

借：固定資產　　　　　　　　　　　　　　　　　　　　　　　5,000
　　應交稅費——應交增值稅（進項稅額）　　　　　　　　　　　850
　　貸：銀行存款　　　　　　　　　　　　　　　　　　　　　　5,850

【例3-8】新東方公司生產部門購進生產線一臺，此設備需要安裝，發票顯示價款為20,000元，增值稅率為17%，價款通過銀行轉帳。

資金運動分析：新東方公司購進的生產線需要安裝，應計入「在建工程」的借方。

借：在建工程　　　　　　　　　　　　　　　　　　　　　　　20,000

應交稅費——應交增值稅（進項稅額）　　　　　　　　　3,400
　　貸：銀行存款　　　　　　　　　　　　　　　　　　　　23,400

【例 3-9】 生產線安裝完畢，並投入使用。

資金運動分析：在建工程完工交付使用後，按照在建工程所發生的實際支出，計入「在建工程」的貸方；另外，公司的固定資產增加，計入「固定資產」的借方。

　　借：固定資產　　　　　　　　　　　　　　　　　　　　23,400
　　貸：在建工程　　　　　　　　　　　　　　　　　　　　23,400

三、材料採購的核算

為了保證生產經營的正常進行，企業必須購買和儲備一定數量的生產經營所需的材料物資。購入的材料經驗收入庫後，即可成為供生產經營領用的庫存材料。

1. 購入材料的採購成本一般包括以下內容：

（1）買價。指進貨發票所開列的貨款金額。一般納稅人如果取得的是增值稅發票，則買價為增值稅發票上列示的不含增值稅的金額。

（2）運雜費。包括運輸費、裝卸費、包裝費、保險費、運輸途中倉儲費等。

（3）運輸途中的合理損耗。指企業與供應或運輸部門所簽訂的合同中規定的合理損耗或必要的自然損耗。

（4）入庫前的挑選整理費用。指購入的材料在入庫前需要挑選整理而發生的費用，包括挑選過程中所發生的工資、費用支出和必要的損耗，但要扣除下腳殘料的價值。

（5）購入材料負擔的稅金（如關稅等）和其他費用等。

2. 核算舉例

【例 3-10】 新東方公司向光明工廠購進 A 材料 50 噸，單價 100 元。材料已驗收入庫，貨款 5,000 元，增值稅金 850 元，均已由銀行支付。

資金運動分析：公司購進原材料，使庫存原材料增加，按照實際成本計入「原材料」的借方；增值稅進項稅額增加，計入「應交稅費——應交增值稅」的借方；銀行存款減少，計入「銀行存款」的貸方。

　　借：原材料——A 材料　　　　　　　　　　　　　　　　5,000
　　　　應交稅費——應交增值稅（進項稅額）　　　　　　　　850
　　貸：銀行存款　　　　　　　　　　　　　　　　　　　　5,850

【例 3-11】 向下列各單位購進 B 材料一批，材料已驗收入庫，貨款稅金均未支付。

新化工廠 30 噸，單價 100 元，貨款 3,000 元，增值稅金 510 元，計 3,510 元；興華工廠 50 噸，單價 100 元，貨款 5,000 元，增值稅金 850 元，計 5,850 元，合計 9,360 元。

資金運動分析：公司購進原材料，使得原材料和增值稅的進項稅額增加，計入「原材料」和「應交稅費——應交增值稅」的借方；另外，因購進原材料未支付貨款而使得負債增加，計入「應付帳款」的貸方。

　　借：原材料——B 材料　　　　　　　　　　　　　　　　8,000
　　　　應交稅費——應交增值稅（進項稅額）　　　　　　　1,360
　　貸：應付帳款　　　　　　　　　　　　　　　　　　　　9,360

【例 3-12】 以銀行存款 800 元支付購進 B 材料的運雜費。

運雜費分配比率：800／（50+30）＝10

新化工廠的運雜費：10×50＝500元；興華工廠的運雜費：10×30＝300元

資金運動分析：發生該項經濟業務，銀行存款減少，計入「銀行存款」的貸方；另外，運雜費應計入材料成本當中，因而計入「原材料」的借方。

借：原材料　　　　　　　　　　　　　　　　　　　　800
　　貸：銀行存款　　　　　　　　　　　　　　　　　　　　800

【例3-13】向海運工廠購進C材料500千克，價格10元，材料已驗收入庫，貨款5,000元增值稅金850元，均由銀行支付。

資金運動分析：發生該項經濟業務，庫存材料增加，因而計入「原材料」的借方。

借：原材料　　　　　　　　　　　　　　　　　　　　5,000
　　應交稅費——應交增值稅（進項稅額）　　　　　　　850
　　貸：銀行存款　　　　　　　　　　　　　　　　　　　5,850

【例3-14】以現金支付購進C材料的運雜費20元。

借：原材料　　　　　　　　　　　　　　　　　　　　20
　　貸：庫存現金　　　　　　　　　　　　　　　　　　　20

【例3-15】以銀行存款償還錢新化工廠3,510元和興華工廠5,850元的購料款。

資金運動分析：新東方公司償還購料款，負債減少，計入「應付帳款」的借方；另外，銀行存款減少，計入「銀行存款」的貸方。

借：應付帳款——新化工廠　　　　　　　　　　　　3,510
　　　　　　——興華工廠　　　　　　　　　　　　5,850
　　貸：銀行存款　　　　　　　　　　　　　　　　　　　9,360

【技能訓練】

訓練目的：1. 使學生掌握各類帳戶的應用；

　　　　　　2. 讓學生能夠對供應過程和材料採購中各項經濟業務進行帳務處理。

訓練要求：1. 瞭解資金的運動過程。

　　　　　　2. 能夠根據所發生的各項經濟業務進行相應的帳務處理，編寫會計分錄。

訓練資料：（材料按實際成本核算）

1. 3月30日，從三秦公司購入D材料500千克，單價20元，共10,000元，增值稅1,700元，材料已驗收入庫，款項以銀行存款支付。

2. 3月20日，用購買光明工廠C材料500千克，單價11元，增值稅率17%，光明工廠代墊運費400元，材料已驗收入庫，款項尚未支付。（若開出期限30天的商業匯票一張）

3. 3月28日華星公司從八儀工廠購入A材料1,000千克，單價10元，增值稅率17%，從五光工廠購入B材料50千克，單價15元，增值稅率17%，運費105元（運費按材料重量比例分配），發票帳單已到，銀行存款支付，月底材料尚未到達。

（1）分配運費，分別計算A、B材料的成本。

（2）編制會計分錄。

4. 4月1日，3月28日購入的材料已驗收入庫，結轉其實際採購成本。

5. 4月3日，以銀行存款支付前欠三秦公司的貨款5,000元。

任務三　生產過程的核算

【任務引入】

企業的生產過程並非一個簡單的過程，其中涉及的內容多而複雜。

任務：企業進行生產最需要考慮哪些因素？

【任務分析】

新東方有限責任公司由於剛剛成立，處在試營運階段，因此，一開始並未涉足過多的食品種類生產，經商定，目前只進行一種食品的加工生產，在生產過程中必須要考慮各種費用以及相關成本的問題，因此，下面的內容將圍繞生產成本與費用等經濟業務展開相關核算。

【相關知識】

一、生產費用與成本

生產費用，是指在企業產品生產的過程中，發生的能用貨幣計量的生產耗費，也就是企業在一定時期內生產產品過程中消耗的生產資料的價值和支付的勞動報酬之和。

在會計工作中，按生產費用要素表現的生產費用發生額是通過編制生產費用表進行反應的。對生產費用各個要素進行核算，可以為核定企業流動資金定額、計算工業淨產值和國民收入提供所需數據。生產費用按其經濟用途分類，則通稱為成本項目。

生產費用按照經濟性質（內容）劃分，可分為勞動對象消耗的費用、勞動手段消耗的費用和活勞動中必要勞動消耗（或構成成本的活勞動費用）的費用。這在會計上稱為生產費用要素，它是由下列項目組成：

1. 外購材料：指企業為進行生產而耗用的一切從外部購進的原材料、主要材料、輔助材料、半成品、包裝物、修理用備件和低值易耗品等。
2. 外購燃料：指企業為進行生產而耗用的一切從外部購進的各種燃料，包括固體燃料、液體燃料和氣體燃料。
3. 外購動力：指企業為進行生產而耗用的一切從外部購進的各種動力，包括電力、熱力和蒸汽等。
4. 工資：指企業所有應計入生產費用的職工工資。
5. 提取的職工福利費：指企業按職工工資的一定比例計提並計入費用的職工福利費。
6. 折舊費：指企業按照規定對固定資產計算提取並計入費用的折舊費。
7. 利息支出：指企業計入期間費用等的借入款項利息淨支出（即利息支出減利息收入後的淨額）。
8. 稅金
9. 其他支出：指不屬於以上各項要素的費用支出，如郵電費、差旅費、租賃費、外部加工費和保險費等。

工業企業的生產費用，按其經濟用途可分為計入產品成本的生產費用和直接計入當期損

益的期間費用兩類。

1. 生產費用按經濟用途的分類

為具體反應計入產品成本的生產費用的各種用途，提供產品成本構成情況的資料，還應將其進一步劃分為若干個項目，即產品生產成本項目（簡稱產品成本項目或成本項目）。工業企業一般應設置以下幾個成本項目：

（1）原材料，也稱直接材料。
（2）燃料及動力，也稱直接燃料及動力。
（3）工資及福利費，也稱直接人工。
（4）製造費用。

企業可根據生產特點和管理要求對上述成本項目做適當調整。對於管理上需要單獨反應、控制和考核的費用，以及產品成本中比重較大的費用，應專設成本項目；否則，為了簡化核算，不必專設成本項目。

2. 期間費用按經濟用途的分類

工業企業的期間費用按照經濟用途可分為營業費用、管理費用和財務費用。

二、生產費用的發生與歸集的核算

（一）生產費用核算的帳戶設置

在生產過程中，應設置「生產成本」「製造費用」「應付職工薪酬」「累計折舊」「庫存商品」等帳戶。

1.「生產成本」帳戶

（1）帳戶性質：該帳戶屬於成本類帳戶。
（2）帳戶核算內容：用於核算企業在生產過程中所發生的各項生產費用，確定產品的實際成本。
（3）帳戶結構：如圖 3-16 所示，是 T 形帳戶。

借方	貸方
應計入產品成本的直接材料、直接人工和製造費用	生產完工驗收入庫的產品的實際成本
餘額：未完工產品的生產成本	

圖 3-16　帳戶結構

（4）明細帳設置：該帳戶可按照產品品種和成本項目（基本生產成本和輔助生產成本）設置明細分類帳，進行明細分類核算。

當企業發生各項直接生產成本，借記本科目，貸記「原材料」「庫存現金」「銀行存款」「應付職工薪酬」等科目。各生產車間應負擔的製造費用，借記本科目，貸記「製造費用」科目。輔助生產車間為基本生產車間、企業管理部門和其他部門提供的勞務和產品，期（月）末按照一定的分配標準分配給各受益對象，借記本科目（基本生產成本）、「管理費用」「銷售費用」「其他業務成本」「在建工程」等科目，貸記本科目（輔助生產成本）。企業已經生產完成並已驗收入庫的產成品以及入庫的自製半成品，應於期（月）末，借記「庫存商品」等科目，貸記本科目（基本生產成本）。

2.「製造費用」帳戶
（1）帳戶性質：該帳戶屬於成本類帳戶。
（2）帳戶核算內容：用於核算企業為生產產品和提供勞務而發生的各項間接費用，包括車間管理人員的職工薪酬、車間廠房和機器設備的折舊費、車間的辦公費、水電費以及物料消耗費等。
（3）帳戶結構：如圖 3-17 所示，是 T 形帳戶。

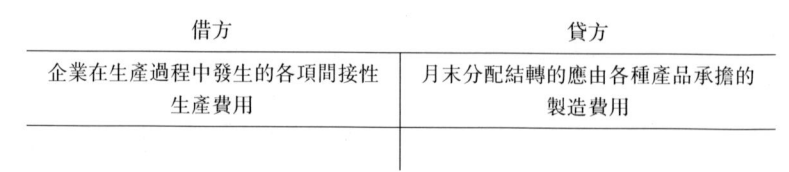

借方	貸方
企業在生產過程中發生的各項間接性生產費用	月末分配結轉的應由各種產品承擔的製造費用

圖 3-17　帳戶結構

3.「應付職工薪酬」帳戶
（1）帳戶性質：該帳戶屬於負債類帳戶。
（2）帳戶核算內容：用於核算企業根據相關規定應付給職工的各種薪酬，包括工資、獎金、津貼和補貼、職工福利、社會保險費、住房公積金、工會經費、職工教育經費等貨幣性職工薪酬以及非貨幣性職工薪酬等。
（3）帳戶結構：如圖 3-18 所示，是 T 形帳戶。

借方	貸方
實際支付的職工薪酬	本期應付職工的各種薪酬
餘額：企業多支付的職工薪酬	

圖 3-18　帳戶結構

（4）明細帳設置：該帳戶可按照工資、職工福利、社會保險、住房公積金、工會經費、職工教育經費等設置明細分類帳，進行明細分類核算。
（5）帳務處理：企業按照有關規定向職工支付工資、獎金、津貼等，借記本科目，貸記「銀行存款」「現金」等科目。企業從應付職工薪酬中扣還的各種款項（代墊的家屬藥費、個人所得稅等），借記本科目，貸記「其他應收款」「應交稅費——應交個人所得稅」等科目。企業向職工支付職工福利費，借記本科目，貸記「銀行存款」「現金」科目。企業支付工會經費和職工教育經費用於工會運作和職工培訓，借記本科目，貸記「銀行存款」等科目。企業按照國家有關規定繳納社會保險費和住房公積金，借記本科目，貸記「銀行存款」科目。企業因解除與職工的勞動關係向職工給予的補償，借記本科目，貸記「銀行存款」「現金」等科目。

企業應當根據職工提供服務的受益對象，對發生的職工薪酬分以下情況進行處理：
生產部門人員的職工薪酬，借記「生產成本」「製造費用」「勞務成本」科目，貸記本科目。管理部門人員的職工薪酬，借記「管理費用」科目，貸記本科目。銷售人員的職工薪酬，借記「銷售費用」科目，貸記本科目。應由在建工程、研發支出負擔的職工薪酬，借記「在建工程」「研發支出」科目，貸記本科目。因解除與職工的勞動關係給予的補償，借記「管理費用」科目，貸記本科目。外商投資企業按規定從淨利潤中提取的職工獎勵及

福利基金，借記「利潤分配——提取的職工獎勵及福利基金」科目，貸記本科目。

4.「應付利息」帳戶

(1) 帳戶性質：該帳戶屬於負債類帳戶。

(2) 帳戶核算內容：用於核算企業按照合同約定應支付的利息，包括吸收存款、分期付息到期還本的長期借款、企業債券等應支付的利息。

(3) 帳戶結構：如圖 3-19 所示，是 T 形帳戶。

借方	貸方
實際支付的利息	企業按合同規定應付未付的利息
	餘額：企業應付未付的利息

圖 3-19　帳戶結構

(4) 明細帳設置：該帳戶可按照債權人設置明細分類帳，進行明細分類核算。

(5) 帳務處理：資產負債表日，應按攤餘成本和實際利率計算確定的利息費用，借記「利息支出」「在建工程」「財務費用」「研發支出」等科目，按合同利率計算確定的應付未付利息，貸記本科目，按其差額，借記或貸記「長期借款——利息調整」等科目。

合同利率與實際利率差異較小的，也可以採用合同利率計算確定利息費用。實際支付利息時，借記本科目，貸記「銀行存款」等科目。

5.「財務費用」帳戶

(1) 帳戶性質：該帳戶屬於損益類帳戶。

(2) 帳戶核算內容：用於核算企業為籌集生產經營所需要的資金而發生的費用，包括利息支出以及相關的手續費等。

(3) 帳戶結構：如圖 3-20 所示，是 T 形帳戶。

借方	貸方
為籌集資金而發生的各項財務費用	期末全部金額轉入「本年利潤」

圖 3-20　帳戶結構

(4) 明細帳設置：該帳戶可按照費用的種類設置明細分類帳，進行明細分類核算。

6.「管理費用」帳戶

(1) 帳戶性質：該帳戶屬於損益類帳戶。

(2) 帳戶核算內容：用於核算企業行政管理部門為組織和管理生產經營活動而發生的管理費用，包括工資和福利費、折舊費、工會經費、業務招待費、房產稅、車船使用稅、土地使用稅、印花稅、技術轉讓費、無形資產攤銷、職工教育經費、勞動保險費、行業保險費、研究開發費、壞帳損失費等。

(3) 帳戶結構：如圖 3-21 所示，是 T 形帳戶。

借方	貸方
發生的各項管理費用	期末全部金額轉入「本年利潤」

圖 3-21　帳戶結構

（4）明細帳設置：該帳戶可按照費用項目設置明細分類帳，進行明細分類核算。

當企業發生各項管理費用，借記「管理費用」帳戶，貸記「庫存現金」「銀行存款」「遞延資產」「無形資產」「累計折舊」「應交稅費」「應付職工薪酬」「壞帳準備」等帳戶。

月末應將「管理費用」帳戶餘額轉入「本年利潤」帳戶，結轉後「管理費用」帳戶應無餘額。

7.「其他應收款」帳戶

（1）帳戶性質：該帳戶屬於資產類帳戶。

（2）帳戶核算內容：用於核算企業除存出保證金、買入返售金融資產、應收票據、應收帳款、預付帳款、應收股利、應收利息、應收代位追償款、應收分保帳款、應收分保合同準備金、長期應收款等以外的其他各種應收及暫付款項。主要包括：

①應收的各種賠款、罰款；
②應收出租包裝物租金；
③應向職工收取的各種墊付款項；
④備用金（向企業各職能科室、車間等撥出的備用金）；
⑤存出保證金，如租入包裝物支付的押金；
⑥預付帳款轉入；
⑦其他各種應收、暫付款項。

（3）帳戶結構：如圖 3-22 所示，是 T 形帳戶。

借方	貸方
發生的各項其他應收款	已經收回的各種應收款
餘額：尚未收回的其他應收款	

圖 3-22　帳戶結構

（4）明細帳設置：該帳戶可按照不同的債務人設置明細分類帳，進行明細分類核算。

8.「累計折舊」帳戶

（1）帳戶性質：該帳戶屬於資產類帳戶；累計折舊是資產類的備抵調整帳戶，其結構與一般資產帳戶的結構剛好相反，累計折舊是貸方登記增加，借方登記減少。

（2）帳戶核算內容：用於核算企業的固定資產因磨損而減少的價值。

（3）帳戶結構：如圖 3-23 所示，是 T 形帳戶。

項目三 運用借貸記帳法進行工業企業業務核算

借方	貸方
已提固定資產的減少數或轉銷數額	按月計提的固定資產折舊額
	餘額：固定資產已計提的累計折舊

圖 3-23　帳戶結構

（4）帳務處理：當企業按期（月）計提固定資產的折舊，借記「製造費用」「銷售費用」「管理費用」「研發支出」「其他業務成本」等科目，貸記本科目。當企業處置固定資產時，還應同時結轉累計折舊，借記本科目，貸記相關科目。

9.「庫存商品」帳戶

（1）帳戶性質：該帳戶屬於資產類帳戶。

（2）帳戶核算內容：用於核算企業庫存產成品的實際成本。庫存商品是指企業庫存的各種外購商品、自製商品產品、存放在門市部準備出售的商品、發出展覽的商品，以及存放在外庫或存放在倉庫的商品等。

（3）帳戶結構：如圖 3-24 所示，是 T 形帳戶。

借方	貸方
已經完工驗收入庫的各種產品的實際生產成本	已經出庫的各種產品的實際生產成本
餘額：企業期末庫存產成品的實際成本	

圖 3-24　帳戶結構

（4）明細帳設置：該帳戶可按照產品的規格、品種設置明細分類帳，進行明細分類核算。

當企業將商品入庫時，借記「庫存商品」，貸記「生產成本」；出售時，借記「主營業務成本」，貸記「庫存商品」。

（二）生產費用的發生與歸集的核算

1. 生產成本的核算

【例 3-16】5 月 30 日，新東方公司從庫房領用原材料，用於加工甲種食品，其中領用 A 材料價值 500 元，B 材料價值 400 元，C 材料價值 600 元，進行相關材料費用核算。

資金運動分析：從庫房領取原材料，原材料減少，按照品類計入「原材料」的貸方；領用原材料是用於食品的生產，按照原材料消耗金額計入「生產成本」的借方。

```
借：生產成本——甲食品                    1,500
    貸：原材料——A 材料                        500
            ——B 材料                        400
            ——C 材料                        600
```

2. 固定資產折舊的核算

【例 3-17】5 月 31 日，經核算本月固定資產折舊費用共計 1,000 元，其中生產車間設備等固定資產折舊 800 元，管理部門固定資產計提折舊 200 元。

資金運動分析：計提固定資產折舊時，固定資產的損耗增加，計入「累計折舊」的貸方；按照固定資產的用途，借記「製造費用」和「管理費用」。

借：製造費用 800
　　　管理費用 200
　　貸：累計折舊 1,000

3. 應付職工薪酬的核算

【例3-18】5月16日，開出轉帳支票10,000元，由銀行代發工資，月末結算本月應付職工工資，其中生產車間工人共計4,500元，車間管理人員1,500元，公司管理人員4,000元。

資金運動分析：發生該項經濟業務，公司的銀行存款減少，計入「銀行存款」的貸方；另外，公司因支付工資清償了對職工應付而未付的工資負債，計入「應付職工薪酬」的借方。

開出轉帳支票時：
借：應付職工薪酬 10,000
　　貸：銀行存款 10,000

月末結算工資時：

資金運動分析：發生該項經濟業務，使得公司的費用增加，車間工人的工資計入「生產成本」的借方，車間管理人員的工資計入「製造費用」的借方，企業管理人員的工資計入「管理費用」的借方；另外，公司應承擔的工資費用是公司對職工的一種負債，應計入「應付職工薪酬」的貸方。

借：生產成本——甲食品 4,500
　　　製造費用 1,500
　　　管理費用 4,000
　　貸：應付職工薪酬——應付工資 10,000

4. 財務費用的核算

【例3-19】5月31日，計提銀行短期貸款利息520元，長期貸款利息400元。

資金運動分析：公司計提貸款利息時，費用增加，計入「財務費用」的借方；另外，應付未付的利息增加，即負債增加，計入「應付利息」的貸方。

借：財務費用 920
　　貸：應付利息 920

5. 管理費用的核算

【例3-20】5月18日，用銀行存款繳納水電費共計1,800元，其中車間用1,500元，管理部門用300元。

資金運動分析：根據此項經濟業務所發生的費用，屬於管理部門的費用，計入「管理費用」的借方，屬於車間的費用，計入「製造費用」的借方；另外，銀行存款減少，計入「銀行存款」的貸方。

借：製造費用 1,500
　　　管理費用 300
　　貸：銀行存款 1,800

6. 其他應收款的核算

【例3-21】5月20日，小王外出購買原材料，預借差旅費1,000元，用現金支付。

資金運動分析：職工預借差旅費時，屬於公司向個人的預借款項，計入「其他應收款」

的借方；另外，公司的庫存現金減少，計入「庫存現金」的貸方。

借：其他應收款——小王　　　　　　　　　　　　　　　　1,000
　　貸：庫存現金　　　　　　　　　　　　　　　　　　　　　　1,000

7. 月末結轉製造費用

【例3-22】31日，結轉各項製造費用。

本月製造費用總額＝800+1,500+1,500＝3,800（元）

若同時生產兩種食品，則需要計算製造費用分配率＝本期製造費用總額/兩種食品的產量，然後依據製造費用分配率計算各食品分配的製造費用＝製造費用分配率×該食品的產量。由於創業初期，該公司僅生產一種食品，則不需要分配製造費用，直接結轉。

資金運動分析：結轉製造費用時，產品的生產成本增加，計入「生產成本」的借方；另一方面，製造費用應在帳戶貸方全額轉出，結轉後，「製造費用」帳戶無餘額。

借：生產成本——甲食品　　　　　　　　　　　　　　　　3,800
　　貸：製造費用　　　　　　　　　　　　　　　　　　　　　　3,800

8. 月末結轉完工產品生產成本

【例3-23】5月31日，該公司本月的食品加工完成，結轉完工產品成本。生產甲食品的生產成本＝4,500+3,800＝8,300元。

資金運動分析：食品加工完成後，公司倉庫的產品增加，計入「庫存商品」的借方；另一方面，生產線上的產品減少，按照所分配的生產成本，計入「生產成本」的貸方。

借：庫存商品——甲食品　　　　　　　　　　　　　　　　8,300
　　貸：生產成本——甲食品　　　　　　　　　　　　　　　　8,300

【技能訓練】

訓練目的：1. 使學生掌握各類帳戶的應用；
　　　　　2. 讓學生能夠對生產過程中各項經濟業務進行帳務處理。

訓練要求：1. 瞭解資金的運動過程。
　　　　　2. 能夠根據所發生的各項經濟業務進行相應的帳務處理，編寫會計分錄。

訓練資料：

1. 本月生產甲產品領用：A材料20,000元，B材料30,000元；生產乙產品領用：A材料10,000元；車間領用C材料12,500元；廠部領用C材料8,000元。

2. 月底計提本月應付職工工資如下：甲產品生產工人工資1,600元，乙產品生產工人工資2,100元，車間人員工資1,200元，廠部人員工資800元。

3. 月底計提本月應付福利費789元，其中：甲產品生產工人應提224元，乙產品生產工人應提294元，車間人員應提112元，廠部人員應提168元。

4. 以銀行存款支付水電費5,000元，其中：車間耗用3,500元，廠部耗用1,500元。

5. 用銀行存款支付辦公費1,500元，其中：廠部1,100元，車間400元。

6. 計提本月折舊5,000元，其中：車間用固定資產計提折舊3,000元，廠部用固定資產計提折舊2,000元。

7. 攤銷本月租賃費1,000元，其中：車間攤銷800元，廠部攤銷200元。

8. 本月甲產品生產工時5,000個，乙產品生產工時3,000個，分配並結轉製造費用。

(製造費用為1~7題所歸集的)
（1）計算分配製造費用。（按生產工時）
（2）結轉製造費用。
9. 本月投入的甲、乙產品全部完工並已驗收入庫，結轉其生產成本。

任務四　銷售過程的核算

【任務引入】

　　企業進行產品銷售的過程就是資金回收的過程，在這一過程中涉及產品定價、運輸、包裝以及其他與銷售相關的各種費用，要確保資金得以回收就必須要做到一方面正確進行產品定價，另一方面做好營銷工作。
　　任務1：產品應如何定價？
　　任務2：產品銷售過程應設置哪些主要帳戶？

【任務分析】

　　新東方有限責任公司通過公關工作，聯繫了多個買家，銷售工作較為順利，並且還簽訂了長期合作合同，在負責人的決策下，制定了合理的食品銷售價格，銷售工作順利開展，下面將圍繞銷售過程中相關經濟業務的核算展開論述。

【相關知識】

一、銷售過程業務的主要內容

　　銷售過程是企業以一定方式將產品銷售給購貨單位，並按銷售價格取得銷售收入的過程。銷售過程是工業企業資金循環的第三個階段，也是工業企業生產經營過程的最後階段。在銷售過程中，企業通過產品銷售形成產品銷售收入。企業取得的產品銷售收入是以付出產品為代價的，已銷售產品的生產成本就是產品銷售成本。在銷售過程中，企業為了銷售產品，還會發生各種費用支出，如包裝費、運輸費、裝卸費、廣告費、展覽費以及為銷售本企業的產品而專設的銷售機構的職工工資、福利費、業務費等經常性費用。這些為銷售產品而發生的費用，叫做銷售費用。在銷售過程中，企業還應按照國家的有關稅法規定，計算並繳納銷售稅金。
　　由此可見，銷售過程的主要經濟業務是銷售收入的實現、銷售成本的結轉，以及銷售稅金及附加的計算與交納。
　　企業在銷售產品時，按照貨款的結算方式，主要有現款銷售、欠款銷售和預收款銷售等。

二、帳戶的設置

　　企業在產品的銷售過程中，應設置「主營業務收入」「應收帳款」「應收票據」「預收帳款」「主營業務成本」「銷售費用」和「營業稅金及附加」等帳戶。

1.「主營業務收入」帳戶
(1) 帳戶性質：該帳戶屬於損益類帳戶。
(2) 帳戶核算內容：主營業務收入是指企業通過主要經營活動所獲取的收入。包括銷售商品、提供勞務等主營業務獲取的收入等。本科目核算企業確認的銷售商品、提供勞務等主營業務的收入。
(3) 帳戶結構：如圖3-25所示，是T形帳戶。

借方	貸方
因銷售退回或折讓而衝減的銷售收入	企業銷售產品實現的收入
期末餘額全部轉入「本年利潤」	

圖3-25　帳戶結構

(4) 明細帳設置：該帳戶可按照主營業務的種類設置明細帳，進行明細分類核算。
(5) 帳務處理：

企業銷售商品或提供勞務實現的收入，應按實際收到或應收的金額，借記「銀行存款」「應收帳款」「應收票據」等科目，按確認的營業收入，貸記本科目。其中涉及增值稅銷項稅額的，還應進行相應的處理。

企業採用遞延方式分期收款、具有融資性質的銷售商品或提供勞務滿足收入確認條件的，按應收合同或協議價款，借記「長期應收款」科目，按應收合同或協議價款的公允價值（折現值），貸記本科目，按其差額，貸記「未實現融資收益」科目。

以庫存商品進行非貨幣性資產交換（非貨幣性資產交換具有商業實質且公允價值能夠可靠計量）、債務重組的，應按該產成品、商品的公允價值，借記「庫存商品」「應交稅費——應交增值稅」等科目，貸記本科目。

本期（月）發生的銷售退回或銷售折讓，按應衝減的營業收入，借記本科目，按實際支付或應退還的金額，貸記「銀行存款」「應收帳款」「應收票據」等科目。其中涉及增值稅銷項稅額的，還應進行相應的處理。

期末，應將本科目的餘額轉入「本年利潤」科目，結轉後本科目應無餘額。

2.「主營業務成本」帳戶
(1) 帳戶性質：該帳戶屬於損益類帳戶。
(2) 帳戶核算內容：本科目核算企業因銷售商品、提供勞務或讓渡資產使用權等日常活動而發生的實際成本。
(3) 帳戶結構：如圖3-26所示，是T形帳戶。

借方	貸方
本期因銷售商品而發生的實際成本	期末全部金額轉入「本年利潤」

圖3-26　帳戶結構

(4) 明細帳設置：該帳戶可按照主營業務的種類設置明細帳，進行明細分類核算。
(5) 帳務處理：
期（月）末，企業應根據本期（月）銷售各種商品、提供各種勞務等實際成本，計算

應結轉的主營業務成本，借記本科目，貸記「庫存商品」「勞務成本」等科目。

本期（月）發生的銷售退回，如已結轉銷售成本的，借記「庫存商品」等科目，貸記本科目。

期末，應將本科目的餘額轉入「本年利潤」科目，結轉後本科目無餘額。

3.「應收帳款」帳戶

（1）帳戶性質：該帳戶屬於資產類帳戶。

（2）帳戶核算內容：本科目核算企業因銷售商品、提供勞務或讓渡資產使用權等日常活動而向購貨單位或接受勞務單位收取的款項。

（3）帳戶結構：如圖3-27所示，是T形帳戶。

借方	貸方
銷售產品或提供勞務尚未得到的應收款項	收回的應收款項
餘額：企業尚未收回的應收款項	

圖3-27　帳戶結構

（4）明細帳設置：該帳戶可按照債務人設置明細帳，進行明細分類核算。

（5）帳務處理：

企業因商品、產品銷售而發生應收帳款時，借記「應收帳款」，貸記「主營業務收入」和「應交稅金——應交增值稅（銷項稅額）」；收到應收帳款時，借記「銀行存款」，貸記「應收帳款」。

4.「應收票據」帳戶

（1）帳戶性質：該帳戶屬於資產類帳戶。

（2）帳戶核算內容：應收票據僅指企業因銷售商品、提供勞務等而收到的商業匯票。商業匯票的付款期限由交易雙方商定，最長不超過6個月。商業匯票按承兌人不同，分為商業承兌匯票和銀行承兌匯票；按其是否帶息，分為帶息票據和不帶息票據。本科目核算企業因銷售商品、提供勞務而收到的商業匯票。

（3）帳戶結構：如圖3-28所示，是T形帳戶。

借方	貸方
銷售產品或提供勞務收到的商業匯票金額	到期收回的商業匯票應收款金額
餘額：尚未到期的票據應收款項	

圖3-28　帳戶結構

（4）明細帳設置：該帳戶可按照付款單位設置明細帳，進行明細分類核算。

（5）帳務處理：

企業因銷售商品、產品、提供勞務等而收到開出、承兌的商業匯票，按商業匯票的票面金額，借記本科目，按實現的營業收入，貸記「主營業務收入」等科目，按專用發票上註明的增值稅額，貸記「應交稅費——應交增值稅（銷項稅額）」科目。

商業匯票到期，應按實際收到的金額，借記「銀行存款」科目，按商業匯票的票面金

額，貸記本科目。

5.「預收帳款」帳戶

（1）帳戶性質：該帳戶屬於負債類帳戶。

（2）帳戶核算內容：本帳戶用來核算企業按照合同規定向購貨單位預收的款項。

（3）帳戶結構：如圖3-29所示，是T形帳戶。

借方	貸方
銷售實現時與購貨單位結算的款項	企業收到的預收款項
餘額：企業應由購貨單位補付的款項	餘額：企業向購貨單位預收的款項

圖3-29　帳戶結構

（4）明細帳設置：該帳戶可按照購貨單位設置明細帳，進行明細分類核算。

（5）帳務處理：

銷售未實現時，借記「銀行存款/庫存現金」，貸記「預收帳款」；銷售實現時，借記「預收帳款」，貸記「主營業務收入」。

在預收款項業務不多的企業可以將預收的款項直接記入「應收帳款」的貸方，不單獨設置本科目，在使用本科目時，要注意與「應收帳款」科目的關係，預收帳款與應收帳款的共同點是：兩者都是企業因銷售商品、產品、提供勞務等，應向購貨單位或接受勞務單位收取的款項；不同點是：預收帳款是收款在先，出貨或提供勞務在後，而應收帳款是出貨或提供勞務在先，收款在後，預收帳款是負債性質，應收帳款是債權類資產性質。不單獨設「預收帳款」科目的企業，在「應收帳款」的貸方登記收到的預收款數額，借記「銀行存款/庫存現金」，貸記「應收帳款」；發出貨物開出發票時，借記「應收帳款」，貸記「主營業務收入」〔若為增值稅一般納稅人，還應貸記應交稅費——應交增值稅（銷項稅額）〕。

6.「銷售費用」帳戶

（1）帳戶性質：該帳戶屬於損益類帳戶。

（2）帳戶核算內容：本帳戶用來核算企業銷售商品和材料、提供勞務的過程中發生的各項費用，包括保險費、包裝費、展覽費和廣告費、商品維修費、預計產品質量保證損失、運輸費、裝卸費等，以及為銷售本企業商品而專設銷售機構（含銷售網點、售後服務網點等）的職工薪酬、業務費、折舊費、固定資產修理的後續支出等經營費用。

（3）帳戶結構：如圖3-30所示，是T形帳戶。

借方	貸方
發生的各項銷售費用	期末全部金額轉入「本年利潤」

圖3-30　帳戶結構

（4）明細帳設置：該帳戶可按照費用項目設置明細帳，進行明細分類核算。

（5）帳務處理：

企業在銷售商品過程中發生的包裝費、保險費、展覽費和廣告費、運輸費、裝卸費等費用，借記本科目，貸記「庫存現金」「銀行存款」等科目。

發生的為銷售本企業商品而專設的銷售機構的職工薪酬、業務費等經營費用，借記本科

目,貸記「應付職工薪酬」「銀行存款」「累計折舊」等科目。

期末,應將本科目餘額轉入「本年利潤」科目,結轉後本科目無餘額。

7.「營業稅金及附加」帳戶

(1) 帳戶性質:該帳戶屬於損益類帳戶。

(2) 帳戶核算內容:本帳戶用來核算企業經營主要業務應負擔的營業稅、消費稅、城市維護建設稅、資源稅、土地增值稅和教育費附加等相關稅費。

(3) 帳戶結構:如圖 3-31 所示,是 T 形帳戶。

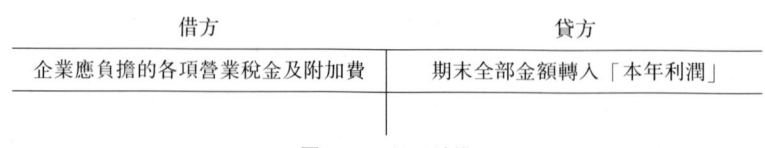

借方	貸方
企業應負擔的各項營業稅金及附加費	期末全部金額轉入「本年利潤」

圖 3-31　帳戶結構

(4) 明細帳設置:該帳戶可按照稅金的項目設置明細帳,進行明細分類核算。

(5) 帳務處理:

企業按規定計算確定的與經營活動相關的稅費,借記本科目,貸記「應交稅費」等科目。企業收到的返還的消費稅、營業稅等原記入本科目的各種稅金,應按實際收到的金額,借記「銀行存款」科目,貸記本科目。

三、銷售過程業務核算的應用

(一) 主營業務收入的核算

【例 3-24】新東方公司於 6 月 2 日銷售甲食品一批,售價 30,000 元,(不含增值稅),增值稅率 17%,成本 6,000 元。公司已收到購貨方於 6 月 15 日支付的款項。

資金運動分析:該經濟業務的發生,使得新東方公司的銷售收入增加,計入「主營業務收入」的貸方;另外,銷售貨款尚未收回,計入「應收帳款」的借方。

借:應收帳款　　　　　　　　　　　　　　　　　　　　　35,100
　　貸:主營業務收入　　　　　　　　　　　　　　　　　　30,000
　　　　應交稅費——應交增值稅(銷項稅額)　　　　　　　 5,100

結轉成本時,因銷售,庫存商品減少,計入「庫存商品」的貸方;另外,銷售商品所取得的收入是取得主營業務收入所對應的費用,因而計入「主營業務成本」的借方。

借:主營業務成本　　　　　　　　　　　　　　　　　　　6,000
　　貸:庫存商品　　　　　　　　　　　　　　　　　　　　6,000

收回貨款時,公司的銀行存款增加,計入「銀行存款」的借方;另外,取得貨款,前面的帳款即可衝銷,計入「應收帳款」的貸方。

借:銀行存款　　　　　　　　　　　　　　　　　　　　　35,100
　　貸:應收帳款　　　　　　　　　　　　　　　　　　　　35,100

【例 3-25】6 月 30 日,新東方公司銷售食品給興隆酒店,興隆酒店簽發並承兌的商業匯票一張,期限 3 個月,發票註明價款 10,000 元,增值稅 1,700 元。

資金運動分析:發生該項經濟業務,新東方公司收到商業匯票一張,應票據增加,計入「應收票據」的借方;另外,銷售商品實現了收入,計入「主營業務收入」的貸方;銷

售商品的同時，公司應交增值稅增加了，計入「應交稅費——應交增值稅」的貸方。
銷售時：
借：應收票據 11,700
　　貸：主營業務收入 10,000
　　　　應交稅費——應交增值稅（銷項稅額） 1,700
收回款項時：
借：銀行存款 11,700
　　貸：應收票據 11,700

【例3-26】12月2日，新東方公司與嘉多寶超市簽訂供銷合同，並依據合同預收貨款20,000元，存入銀行。

資金運動分析：該項經濟業務的發生，使得新東方公司的銀行存款增加，計入「銀行存款」的借方；而公司收到款項並未向嘉多寶超市銷售產品，因而屬於預收款項，計入「預收帳款」的貸方。

借：銀行存款 20,000
　　貸：預收帳款——嘉多寶超市 20,000

【例3-27】12月10日銷售甲食品30,000元，增值稅5,100元。

資金運動分析：該項經濟業務的發生，使得新東方公司清償了對嘉多寶超市的負債，應收回的款項可沖減對嘉多寶超市的預收款，計入「預收帳款」的借方；另外，銷售商品取得收入計入「主營業務收入」的貸方；公司因銷售商品，按規定需支付一定的增值稅，計入「應交稅費——應交增值稅」的貸方。

借：預售帳款——嘉多寶超市 35,100
　　貸：主營業務收入 30,000
　　　　應交稅費——應交增值稅（銷項稅額） 5,100

【例3-28】12月14日，從嘉多寶超市收回餘款15,100元並存入銀行。

資金運動分析：新東方公司銷售商品後，「預收帳款」的餘額為15,100元，表明新東方公司實際向嘉多寶超市收回的應收帳款，即應補收的貨款，屬於新東方公司的債權，收回餘款時，銀行存款增加，計入「銀行存款」的借方；另外，債權減少，按實際金額計入「預收帳款」的貸方。

借：銀行存款 15,100
　　貸：預收帳款——嘉多寶超市 15,100

（二）銷售費用的核算

【例3-29】12月27日，用銀行存款支付裝卸費500元，廣告宣傳費800元。

資金運動分析：裝卸費屬於銷售費用，增加計入「銷售費用」的借方；銀行存款減少，計入「銀行存款」的貸方。

借：銷售費用 1,300
　　貸：銀行存款 1,300

（三）主營業務成本的核算

【例3-30】12月30日，新東方公司結轉本月銷售商品成本共計9,600元。

資金運動分析：銷售商品，公司的庫存商品減少，計入「庫存商品」的貸方；另外，

庫存商品的減少是為了取得銷售收入，而這一收入對應的是主營業務收入的直接費用，計入「主營業務成本」的借方。

借：主營業務成本——甲食品　　　　　　　　　　　　　9,600
　　貸：庫存商品——甲食品　　　　　　　　　　　　　　9,600

（四）與銷售有關的稅費的核算

【例3-31】12月30日，新東方公司計提本月城市維護建設稅300元，教育費附加200元。

資金運動分析：新東方公司按規定計提相關稅費時，使得公司的營業稅金及附加增加，計入「營業稅金及附加」的借方；公司計提相關稅費的同時，應交的城市維護建設稅和教育費附加也增加，即負債增加，計入「應交稅費」的貸方。

借：營業稅金及附加　　　　　　　　　　　　　　　　　500
　　貸：應交稅費——城市維護建設稅　　　　　　　　　　300
　　　　應交稅費——教育費附加　　　　　　　　　　　　200

【技能訓練】

訓練目的：1. 使學生掌握各類帳戶的應用；
　　　　　2. 讓學生能夠對銷售過程中各項經濟業務進行帳務處理。
訓練要求：1. 瞭解資金的運動過程。
　　　　　2. 能夠根據所發生的各項經濟業務進行相應的帳務處理，編寫會計分錄。
訓練資料：

1. 收到上月華秦公司欠的貨款2,000元，存入銀行。
2. 售給機械廠甲產品100件，單價100元，增值稅率17%，貨款尚未收到。
3. 售給五金交電公司甲產品80件，單價100元，增值稅率17%，貨款收到存入銀行。
4. 用銀行存款支付廣告費1,200元。
5. 售給某商場甲產品50件，單價100元，增值稅率17%，用銀行存款代墊運費1,200元，收到該商場開出並承兌為期30天的商業匯票一張。
6. 用銀行存款支付甲產品的展覽費1,000元。
7. 月底結轉本月已銷產品的銷售成本，甲產品16,100元，乙產品170,000元。
8. 處理一批A材料，售價200,000元，增值稅率17%，款已收到存入銀行。該批材料的成本是216,000元，結轉其成本。

任務五　利潤形成和利潤分配的核算

【任務引入】

利潤形成和利潤分配的核算與分析對於企業而言也是至關重要的，通過利潤形成和利潤分配的核算可以反應一個企業在一個經營期間是盈利還是虧損，並且可以幫助經營者分析其中的原因，為下一經營期間做出正確決策打下良好基礎。

　　任務：財務成果應如何分析？

【任務分析】

新東方有限公司經過一年的經營，已初見成效，三名經營者必須通過第一年的經營結果來為下一年的經營方向以及規劃作決定，於是，第一年財務成果的核算就變得非常重要，下面將圍繞該公司財務成果的核算展開內容。

【相關知識】

一、財務成果的含義

財務成果是企業一定生產期間經營活動的最終財務成果，是企業在一定會計期間所實現的各種收入（收益）大於相關費用（支出等）以後的差額。如果收入小於費用，其差額為企業的虧損。企業在一定時期內從事全部生產、經營活動所取得的利潤或發生的虧損，它綜合反應企業生產、經營活動情況，是考核企業經營管理水平的一個綜合指標。

企業的財務成果一般由以下幾部分構成：①商品銷售利潤（或虧損）。即企業產成品、自製半成品和工業性作業等商品產品的銷售利潤（或虧損），是企業實現利潤（或發生虧損）的主要因素。②其他銷售利潤（或虧損）。如企業銷售材料、提供運輸勞務、出租包裝物等所發生的利潤（或虧損）。③營業外收入。④營業外支出。與其他單位聯營的企業，還需加上從聯營單位分得的利潤，減去分給聯營單位的利潤。

二、利潤的構成與分配

（一）利潤的含義

利潤是指一定會計期間獲得的經營成果。作為一個經濟組織，在與外界進行經濟活動的過程中，不斷有經濟利益的流入和經濟利益的流出，一定時期內經濟利益的流入與流出的差額即表現為利潤或虧損。

（二）基本構成與分配

利潤根據經濟利益流入因素與經濟利益流出因素的不同配比關係，可分為營業利潤、利潤總額和淨利潤。

營業利潤＝營業收入－營業成本－營業稅金及附加－銷售費用－管理費用－財務費用－資產減值損失＋公允價值變動損益（－公允價值變動損失）＋投資收益（－投資損失）。

其中：營業收入是指企業經營業務所確認的收入總額，包括主營業務收入和其他業務收入。營業成本是指企業經營業務所發生的實際成本總額，包括主營業務成本和其他業務成本。資產減值損失是企業計提各項資產減值準備所形成的損失。公允價值變動收益（或損失）是企業交易性金融資產等公允價值變動形成的應計入當期損益的利得（或損失）。投資收益（或損失）是企業以各種方式投資所取得的收益（或發生的損失）。

利潤總額＝營業利潤＋營業外收入－營業外支出。

其中：營業外收入是企業發生的與其日常活動無直接關係的各項利得。營業外支出是企業發生的與其日常活動無直接關係的各項損失。

淨利潤＝利潤總額－所得稅費用。

其中：所得稅費用是企業確認的應從當期利潤總額中扣除的所得稅費用。

三、帳戶的設置

對財務成果進行核算，所涉及的帳戶包括：其他業務收入、其他業務成本、營業外收入、營業外支出、所得稅費用、本年利潤、利潤分配、盈餘公積以及應付股利等。

1. 「其他業務收入」帳戶

（1）帳戶性質：該帳戶屬於損益類帳戶。

（2）帳戶核算內容：其他業務收入是企業從事除主營業務以外的其他業務活動所取得的收入，具有不經常發生，每筆業務金額一般較小，占收入的比重較低等特點。本科目核算企業確認的除主營業務活動以外的其他經營業務活動實現的收入，包括出租固定資產、出租無形資產、出租包裝物和商品、銷售材料等實現的收入。

（3）帳戶結構：如圖 3-32 所示，是 T 形帳戶。

借方	貸方
期末全部金額轉入「本年利潤」	發生的各項其他業務收入

圖 3-32　帳戶結構

（4）明細帳設置：該帳戶可按照其他業務收入的種類設置明細帳，進行明細分類核算。

（5）帳務處理：

企業銷售原材料，按售價和應收的增值稅，借記「銀行存款」「應收帳款」等科目，按實現的營業收入，貸記本科目，按專用發票上註明的增值稅額，貸記「應交稅金——應交增值稅（銷項稅額）」科目；月度終了按出售原材料的實際成本，借記「其他業務支出」科目，貸記「原材料」科目。原材料採用計劃成本核算的企業，還應分攤材料成本差異。

收到出租包裝物的租金，借記「現金」「銀行存款」等科目，貸記本科目，按專用發票上註明的增值稅額，貸記「應交稅金——應交增值稅（銷項稅額）」科目；對於逾期未退包裝物沒收的押金扣除應交增值稅後的差額，借記「其他應付款」科目，貸記本科目。

企業採取收取手續費方式代銷商品，取得的手續費收入，借記「應付帳款——××委託代銷單位」科目，貸記本科目。

2. 「其他業務成本」帳戶

（1）帳戶性質：該帳戶屬於損益類帳戶。

（2）帳戶核算內容：本科目核算企業確認的除主營業務活動以外的其他經營業務活動所發生的支出，包括銷售材料的成本、出租固定資產的折舊額、出租無形資產的攤銷額、出租包裝物的成本等。

（3）帳戶結構：如圖 3-33 所示，是 T 形帳戶。

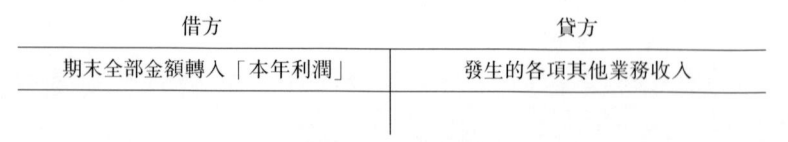

借方	貸方
期末全部金額轉入「本年利潤」	發生的各項其他業務收入

圖 3-33　帳戶結構

（4）明細帳設置：該帳戶可按照其他業務成本的種類設置明細帳，進行明細分類核算。

（5）帳務處理：

企業發生的其他業務成本，借記本科目，貸記「原材料」「週轉材料」「累計折舊」「累計攤銷」「銀行存款」等科目。

其他業務成本，在月末時需要結轉入「本年利潤」科目，借記「本年利潤」科目，貸記本科目。

3.「營業外收入」帳戶

（1）帳戶性質：該帳戶屬於損益類帳戶。

（2）帳戶核算內容：營業外收入是指與企業生產經營活動沒有直接關係的各種收入。營業外收入並不是由企業經營資金耗費所產生的，不需要企業付出代價，實際上是一種純收入，不可能也不需要與有關費用進行配比。主要包括：非流動資產處置利得、非貨幣性資產交換利得、債務重組利得、政府補助、盤盈利得、捐贈利得、罰款收入等。因此，作為營業外收入，必須同時具備兩個特徵：一是意外發生，企業無力加以控制；二是偶然發生，不重複出現。本科目核算企業發生的各項與生產經營活動沒有直接關係的偶然的交易或事項所形成的利得。

（3）帳戶結構：如圖 3-34 所示，是 T 形帳戶。

借方	貸方
期末全部金額轉入「本年利潤」	發生的各項營業外收入

圖 3-34　帳戶結構

（4）明細帳設置：該帳戶可按照營業外收入的項目設置明細帳，進行明細分類核算。

（5）帳務處理：

企業轉讓固定資產時，先結轉固定資產原值和已計提累計折舊額，借記「固定資產清理」「累計折舊」科目，貸記「固定資產」科目；收到雙方協議價款，借記「銀行存款」，貸記「固定資產清理」科目；最後結轉清理損益，若轉出價款高於固定資產帳面淨值，借記「固定資產清理」科目，貸記「營業外收入」科目。

企業處置無形資產時，應按實際收到的金額等，借記「銀行存款」等科目，按已計提的累計攤銷，借記「累計攤銷」科目，按應支付的相關稅費及其他費用，貸記「應交稅費」「銀行存款」等科目，按其帳面餘額，貸記「無形資產」科目，按其貸方差額，貸記「營業外收入──處置非流動資產利得」科目，已計提減值準備的，還應同時結轉減值準備。

確認的政府補助利得，借記「銀行存款」「遞延收益」等科目，貸記本科目。

期末，應將本科目餘額轉入「本年利潤」科目，結轉後本科目無餘額。

4.「營業外支出」帳戶

（1）帳戶性質：該帳戶屬於損益類帳戶。

（2）帳戶核算內容：營業外支出是指不屬於企業生產經營費用，與企業生產經營活動沒有直接的關係，但應從企業實現的利潤總額中扣除的支出，包括固定資產盤虧、報廢、毀損和出售的淨損失、非季節性和非修理性期間的停工損失、職工子弟學校經費和技工學校經費、非常損失、公益救濟性的捐贈、賠償金、違約金等。本科目核算企業發生的各項與生產

經營活動沒有直接關係的偶然的交易或事項所形成的利得。

(3) 帳戶結構：如圖 3-35 所示，是 T 形帳戶。

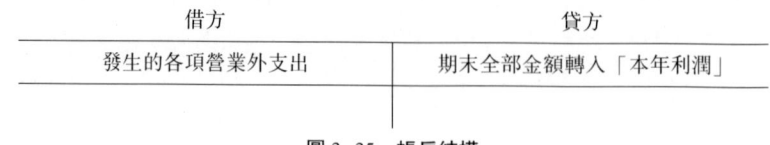

借方	貸方
發生的各項營業外支出	期末全部金額轉入「本年利潤」

圖 3-35　帳戶結構

(4) 明細帳設置：該帳戶可按照營業外支出的項目設置明細帳，進行明細分類核算。

(5) 帳務處理：

企業在生產經營期間，固定資產清理所發生的損失，借記「營業外支出」科目（處置固定資產淨損失），貸記「固定資產清理」科目。企業在清查財產過程中，查明固定資產盤虧，借記「營業外支出」科目（固定資產盤虧），貸記「待處理財產損溢——待處理固定資產損溢」科目。

企業以債務重組方式收回的債權，以低於應收債權帳面價值的現金收回債權的，企業應按實際收到的金額，借記「銀行存款」等科目，按該項應收債權已計提的壞帳準備，借記「壞帳準備」科目，按應收債權的帳面餘額，貸記「應收帳款」等科目，按其差額，借記「營業外支出」科目（債務重組損失）。

企業發生的罰款支出、捐贈支出，借記「營業外支出」科目，貸記「銀行存款」等科目。物資在運輸途中發生的非常損失，借記「營業外支出」科目（非常損失），貸記「待處理財產損溢——待處理流動資產損溢」科目。企業出售無形資產，按實際取得的轉讓收入，借記「銀行存款」等科目，按該項無形資產已計提的減值準備，借記「無形資產減值準備」科目，按無形資產的帳面餘額，貸記「營業外支出」科目，按應支付的相關稅費，貸記「應交稅金」等科目，按其差額，貸記「營業外收入——出售無形資產收益」，或借記「營業外支出」科目（出售無形資產損失）。

5.「所得稅費用」帳戶

(1) 帳戶性質：該帳戶屬於損益類帳戶。

(2) 帳戶核算內容：本科目核算企業按規定從當期利潤總額中減去的所得稅費用。

(3) 帳戶結構：如圖 3-36 所示，是 T 形帳戶。

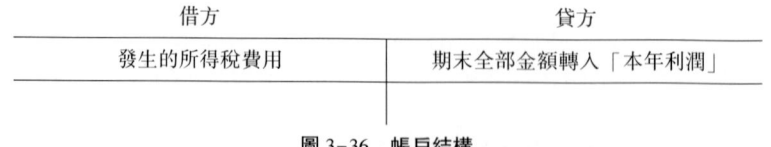

借方	貸方
發生的所得稅費用	期末全部金額轉入「本年利潤」

圖 3-36　帳戶結構

(4) 帳務處理：

資產負債表日，企業按照稅法計算確定的當期應交所得稅金額，借記「所得稅費用」科目（當期所得稅費用），貸記「應交稅費——應交所得稅」科目。

資產負債表日，根據所得稅準則應予確認的遞延所得稅資產大於「遞延所得稅資產」科目餘額的差額，借記「遞延所得稅資產」科目，貸記「所得稅費用」科目（遞延所得稅費用）、「資本公積——其他資本公積」等科目；應予確認的遞延所得稅資產小於「遞延所

得稅資產」科目餘額的差額，做相反的會計分錄。

期末，應將「所得稅費用」科目的餘額轉入「本年利潤」科目，結轉後該科目應無餘額。

6.「本年利潤」帳戶
(1) 帳戶性質：該帳戶屬於所有者權益類帳戶。
(2) 帳戶核算內容：本科目核算企業本年度所實現的利潤或發生的虧損。
(3) 帳戶結構：如圖 3-37 所示，是 T 形帳戶。

借方	貸方
期末主營業務成本、營業稅金及附加、其他業務成本、管理費用、財務費用、銷售費用、營業外支出、所得稅費用等帳戶轉入的金額； 年末結轉本年實現的淨利潤	期末主營業務收入、其他業務收入、營業外收入等帳戶轉入的金額； 年末結轉本年發生的淨虧損
年終餘額：本年累計發生的虧損	年終餘額：本年累計實現的淨利潤

圖 3-37　帳戶結構

(4) 帳務處理：

企業期（月）末結轉利潤時，應將各損益類科目的金額轉入本科目，結平各損益類科目。結轉後本科目的貸方餘額為當期實現的淨利潤；借方餘額為當期發生的淨虧損。

年度終了，應將本年收入和支出相抵後結出的本年實現的淨利潤，轉入「利潤分配」科目，借記本科目，貸記「利潤分配——未分配利潤」科目；如為淨虧損做相反的會計分錄。結轉後本科目應無餘額。

7.「利潤分配」帳戶
(1) 帳戶性質：該帳戶屬於所有者權益類帳戶。
(2) 帳戶核算內容：利潤分配，是將企業實現的淨利潤，按照國家財務制度規定的分配形式和分配順序，在國家、企業和投資者之間進行的分配。本科目核算企業利潤分配（或虧損彌補）和歷年分配（或彌補）後的餘額情況。
(3) 帳戶結構：如圖 3-38 所示，是 T 形帳戶。

借方	貸方
自「本年利潤」帳戶轉入的淨虧損； 實際分配的利潤	自「本年利潤」帳戶轉入的淨利潤
餘額：歷年累計未彌補的虧損	餘額：歷年累計未分配的利潤

圖 3-38　帳戶結構

(4) 帳務處理：

將本年利潤轉入利潤分配：借記「本年利潤」，貸記「利潤分配——未分配利潤」；

提取法定盈餘公積（稅後利潤的 10%）和任意盈餘公積（根據公司章程規定的比例計算）：借記「利潤分配——提取法定盈餘公積——提取任意盈餘公積」，貸記「盈餘公積——法定盈餘公積——任意盈餘公積」；如有優先股，應在「任意盈餘公積」前分配股利；

分配股利（根據董事會決議）：借記「利潤分配——應付股利」，貸記「應付股利」；

結轉利潤分配：借記「利潤分配——未分配利潤」，貸記「利潤分配——提取法定盈餘公積——提取任意盈餘公積——應付股利」；

以盈餘公積彌補以前年度虧損：借記「盈餘公積」，貸記「利潤分配——盈餘公積轉入」。

8.「盈餘公積」帳戶

（1）帳戶性質：該帳戶屬於所有者權益類帳戶。

（2）帳戶核算內容：盈餘公積是指公司按照規定從淨利潤中提取的各種累積資金。盈餘公積是根據其用途不同分為公益金和一般盈餘公積兩類。本科目核算企業從淨利潤中提取盈餘公積的增減變動和結餘情況。

（3）帳戶結構：如圖 3-39 所示，是 T 形帳戶。

借方	貸方
盈餘公積的使用金額	提取的盈餘公積金額
	餘額：盈餘公積的結餘金額

圖 3-39　帳戶結構

（4）明細帳設置：該帳戶可設置「法定盈餘公積」和「任意盈餘公積」等明細帳，進行明細分類核算。

（5）帳務處理：

企業按規定提取盈餘公積時，按提取盈餘公積的數額，借記「利潤分配——提取盈餘公積」，貸記「盈餘公積——一般盈餘公積」；

企業按規定提取公益金時，按提取公益金的數額，借記「利潤分配——提取盈餘公積」，貸記「盈餘公積——公益金」。

9.「應付股利」帳戶

（1）帳戶性質：該帳戶屬於負債類帳戶。

（2）帳戶核算內容：本科目核算企業經董事會或股東大會，或類似機構決議確定分配的現金股利或利潤。企業分配的股票股利，不通過本帳戶核算。

（3）帳戶結構：如圖 3-40 所示，是 T 形帳戶。

借方	貸方
實際向投資者支付的利潤	計提的應支付給投資者的利潤
	餘額：已計提但尚未實際支付給投資者的利潤

圖 3-40　帳戶結構

（4）明細帳設置：本科目應按照投資者設置明細帳，進行明細分類核算。

（5）帳務處理：

企業應根據股東大會或類似機構通過的利潤分配方案，按應支付的現金股利或利潤，借記「利潤分配」科目，貸記本科目。

實際支付現金股利或利潤，借記本科目，貸記「銀行存款」「現金」等科目。

四、財務成果業務核算的應用

1. 其他業務收入的核算

【例 3-32】 12 月 30 日，新東方公司將其剩餘甲食品的原材料出售給艾奇公司，售價總計 2,000 元，增值稅率為 17%，艾奇公司將帳款直接轉入新東方公司銀行帳戶。

資金運動分析：該經濟業務的發生，使得新東方公司的銀行存款增加，應計入「銀行存款」的借方；另外，公司出售原材料，原材料並非公司的主營業務，因而計入「其他業務收入」的貸方；企業發生銷售活動，按照規定應繳納增值稅，計入「應交稅費——應交增值稅」的貸方。

借：銀行存款　　　　　　　　　　　　　　　　　　　　　2,340
　　貸：其他業務收入　　　　　　　　　　　　　　　　　　2,000
　　　　應交稅費——應交增值稅（銷項稅額）　　　　　　　　340

2. 其他業務成本的核算

【例 3-33】 12 月 30 日，新東方公司出售的剩餘甲食品的原材料成本 600 元。

資金運動分析：新東方公司出售原材料，使得原材料減少，計入「原材料」的貸方；原材料的減少是取得銷售收入的成本，計入「其他業務成本」的借方。

借：其他業務成本　　　　　　　　　　　　　　　　　　　　600
　　貸：原材料——甲食品　　　　　　　　　　　　　　　　　600

3. 營業外收入的核算

【例 3-34】 12 月 30 日，嘉多寶超市因未履行合同規定，支付給新東方公司違約金 1,000 元，並存入銀行。

資金運動分析：該經濟業務的發生，使得新東方公司的銀行存款增加，計入「銀行存款」的借方；而銀行存款增加時由於嘉多寶超市支付了違約金，屬於公司的營業外收入，計入「營業外收入」的貸方。

借：銀行存款　　　　　　　　　　　　　　　　　　　　　1,000
　　貸：營業外收入　　　　　　　　　　　　　　　　　　　1,000

4. 營業外支出的核算

【例 3-35】 12 月 28 日，新東方公司向愛心福利院捐款 2,000 元，通過銀行轉帳。

資金運動分析：該項經濟業務的發生，使得新東方公司的銀行存款減少，計入「銀行存款」的貸方；而銀行存款的減少是由於新東方公司向外捐款，屬於營業外支出，計入「營業外支出」的借方。

借：營業外支出　　　　　　　　　　　　　　　　　　　　2,000
　　貸：銀行存款　　　　　　　　　　　　　　　　　　　　2,000

5. 利潤的核算

【例 3-36】 12 月底，新東方公司結轉損益類帳戶。

資金運動分析：收益類帳戶在記錄所發生的收入和利得時，記在帳戶的貸方，期末結轉時，在帳戶的借方轉出；支出類帳戶在記錄所發生的費用和損失時，計在帳戶的借方，期末結轉時，在帳戶的貸方轉出。

收益類帳戶結轉：

借：主營業務收入　　　　　　　　　　　　　　　　　　30,000
　　　　其他業務收入　　　　　　　　　　　　　　　　　　2,000
　　　　營業外收入　　　　　　　　　　　　　　　　　　　1,000
　　　貸：本年利潤　　　　　　　　　　　　　　　　　　　33,000
支出類帳戶結轉：
　　借：本年利潤　　　　　　　　　　　　　　　　　　　　12,500
　　　貸：主營業務成本　　　　　　　　　　　　　　　　　9,600
　　　　　其他業務成本　　　　　　　　　　　　　　　　　600
　　　　　稅金及附加　　　　　　　　　　　　　　　　　　500
　　　　　銷售費用　　　　　　　　　　　　　　　　　　　1,300
　　　　　管理費用　　　　　　　　　　　　　　　　　　　300
　　　　　財務費用　　　　　　　　　　　　　　　　　　　250
　　　　　營業外支出　　　　　　　　　　　　　　　　　　200
　　註：新東方公司每月的財務費用，管理費用基本固定。
　　12月份利潤總額＝33,000－12,500＝10,500（元）
　　6. 企業所得稅的核算
　　【例3-37】12月底，新東方公司按本月利潤總額20%計提所得稅。
　　資金運動分析：公司計提所得稅時，因取得利潤，增加了應支出的所得稅費用，計入「所得稅費用」的借方；同時，這一費用尚未繳納，計入「應交稅費——應交企業所得稅」的貸方。
　　12月份應計提企業所得稅＝10,500×20%＝2,100（元）
　　借：所得稅費用　　　　　　　　　　　　　　　　　　　2,100
　　　貸：應交稅費——應交企業所得稅　　　　　　　　　　2,100
結轉所得稅費用：
　　借：本年利潤　　　　　　　　　　　　　　　　　　　　2,100
　　　貸：所得稅費用　　　　　　　　　　　　　　　　　　2,100
　　7. 結轉全年淨利潤的核算
　　【例3-38】年末，新東方公司結轉全年實現的淨利潤。
　　資金運動分析：公司實現的利潤即為「本年利潤」帳戶結轉前的餘額，若餘額在貸方，則公司盈利；若餘額在借方，即為虧損。
　　12月份的淨利潤＝12月份的利潤總額－12月份企業所得稅＝10,500－2,100＝8,400（元）
　　全年淨利潤＝前11個月的淨利潤＋12月份的淨利潤＝82,000＋8,400＝90,400（元）
　　註：該公司前11個月的淨利潤為82,000元。
　　借：本年利潤　　　　　　　　　　　　　　　　　　　　90,400
　　　貸：利潤分配——未分配利潤　　　　　　　　　　　　90,400
　　8. 結轉利潤分配明細帳的核算
　　【例3-39】31日，新東方公司按照全年淨利潤的10%提取法定盈餘公積。
　　資金運動分析：公司盈餘公積增加，計入「盈餘公積」的貸方；提取盈餘公積是企業

的利潤分配，是所有者權益的減少，計入「利潤分配」的借方。

  借：利潤分配——提取法定盈餘公積　　　　　　　　　　　　9,040
   貸：盈餘公積　　　　　　　　　　　　　　　　　　　　　　9,040

  結轉「利潤分配」明細帳：

  資金運動分析：「利潤分配」帳戶下的「提取法定盈餘公積」明細帳在借方有餘額，應在貸方轉出，計入「未分配利潤」明細帳的借方。

  借：利潤分配——未分配利潤　　　　　　　　　　　　　　　9,040
   貸：利潤分配——提取法定盈餘公積　　　　　　　　　　　　9,040

【技能訓練】

訓練目的：1. 使學生掌握各類帳戶的應用；
     2. 讓學生能夠對財務成果核算中各項經濟業務進行帳務處理。

訓練要求：1. 瞭解資金的運動過程。
     2. 能夠根據所發生的各項經濟業務進行相應的帳務處理，編寫會計分錄。

訓練資料：

  1. 接法院裁決書，甲公司應付本公司違約金10,000元，尚未收到。

  2. 向希望工程捐款4,000元，用銀行存款支付。

  3. 用銀行存款支付本月銀行借款利息3,000元。

  4. 月底計提本月銀行短期借款利息2,000元。

  5. 本月各損益類帳戶餘額如下：主營業務收入819,000元，其他業務收入50,000元，營業外收入10,000元，投資收益（貸餘）1,000元，主營業務成本600,000元，主營業務稅金及附加5,400元，其他業務成本30,000元，營業外支出5,000元，管理費用29,700元，財務費用6,400元，銷售費用3,500元。

  要求：(1) 計算本月營業利潤，利潤總額。

  (2) 結轉本月損益類帳戶。

  6. 計提本月應交的所得稅，並結轉所得稅費用。(所得稅率33%)

  7. 計算本月淨利潤，將本月實現的淨利潤轉入「利潤分配——未分配利潤」帳戶，以供分配。

  8. 按本月稅後利潤的10%和5%分別提取法定盈餘公積和任意公益金。按協議向投資人分配稅後利潤30,000元，尚未支付。

  9. 將「利潤分配」帳戶各明細帳戶對沖，計算出本月未分配利潤額。

【項目總結】

  本項目主要圍繞企業的經營過程進行相應的業務核算，企業的經營過程結合會計工作大致分為籌集資金業務的核算、供應過程業務的核算、生產過程業務的核算、銷售過程業務的核算、經營成果即財務成果的核算等。

  每一經營過程相關業務的核算按照帳戶設置、帳戶性質、帳戶結構以及帳戶核算的思路進行展開，思路一致，要求學生在學習過程中重點要掌握不同的經濟業務牽涉到的具體帳戶

類型，並且結合具體的實例進行鞏固與練習。

【項目綜合練習】

新達公司2014年9月份發生的部分經濟業務如下，要求：運用借貸記帳法編制會計分錄，並標明必要的明細科目。

1. 以銀行存款50,000元購入生產設備一臺，另以現金200元支付裝卸搬運費。
2. 以銀行存款償還銀行短期借款100,000元。
3. 用銀行存款購買辦公用品一批，共計450元。
4. 收到B公司償還前欠貨款35,000元，已存入銀行存款帳戶。
5. 以轉帳支票支付前欠A公司材料採購款16,000元。
6. 職工張華出差借款2,000元，以現金付訖。
7. 上題中張華出差回來報銷差旅費1,500元，餘款退回現金。
8. 以轉帳支票支付廣告宣傳費10,000元，預付明年上半年財產保險費8,000元。
9. 預提本月銀行借款利息3,200元。
10. 向民豐廠購入甲材料20噸，每噸1,000元，購入乙材料20噸，每噸500元，增值稅稅額為5,100元，材料已驗收入庫，貨款未付。
11. 倉庫發出甲材料16噸，每噸1,000元，用於A產品生產，發出乙材料8噸，每噸500元，其中6噸用於B產品生產，2噸用於車間一般性耗用。
12. 售給大達公司A產品3,000件，每件售價30元，B產品4,000件，每件售價20元，增值稅稅額為85,000元，貨款收到，存入銀行。
13. 計算分配本月應付職工工資40,000元，其中：A產品生產工人工資20,000元，B產品生產工人工資10,000元，車間管理人員工資3,000元，廠部管理人員工資7,000元。
14. 月底計提本月固定資產折舊6,000元，其中車間固定資產應提折舊4,000元，行政管理部門應提折舊2,000元。
15. 月底攤銷應由本月份負擔的生產車間財產保險費用400元。
16. 將本月以上發生的製造費用（11~15題中）按A、B產品生產工人工資比例分配計入生產成本。
17. 本月上述生產的A產品全部完工驗收入庫，結轉其實際生產成本，B產品尚未完工。
18. 結轉上述本月已銷產品成本98,700元，其中A產品銷售成本為49,220元，B產品銷售成本49,480元。
19. 將本月收入轉入「本年利潤」帳戶。（本月全部業務中取得的各種收入，本題略）
20. 將本月費用支出轉入「本年利潤」帳戶。（本月全部業務中發生的各種費用，本題略）
21. 月終決算後，按稅法規定，計提全月應交所得稅為25,400元。
22. 將本月所得稅費用轉入「本年利潤」帳戶。

項目四 填制和審核會計憑證

【學習目標】
- 掌握會計憑證的內容和分類
- 掌握原始憑證的填制和審核
- 掌握記帳憑證的填制和審核

【技能目標】
- 熟悉企業經營過程中會計憑證的填制和審核
- 能夠對企業經營過程中所涉及的會計憑證進行審核

任務一 認識會計憑證

【任務引入】

什麼是會計？作為會計初學者這是一個共同的疑問。要瞭解會計、懂得會計，就必須先來認識與會計密切相關的一個概念——會計憑證。

任務1：掌握會計憑證的內容。
任務2：掌握會計憑證的種類。

【任務分析】

作為一名會計初學者，應該對會計憑證的內容和分類有一定的瞭解。因為在會計學科中必然涉及會計憑證的填制與審核。本任務將重點對會計憑證的有關問題進行介紹。

【相關知識】

會計憑證按照填制程序和用途可以分為兩種，分別是原始憑證和記帳憑證兩類。

一、會計憑證的作用

（一）會計憑證概述

每個企業在生產經營過程中，會發生各種各樣的經濟業務。會計部門要正確地反應這些經濟業務，必須依據各種各樣的會計憑證。填制和取得會計憑證是會計工作的初始階段和基

本環節。

(二) 會計憑證的作用

會計憑證是具有一定格式，記錄經濟業務的發生和完成情況，明確經濟責任的書面證明，也是登記帳簿的依據。例如購買材料要由供貨方開具發票；支出款項要由收款方開具收據；接收材料、材料入庫要有收貨單；發出商品要有發貨單；發出材料要有領料單等。發票、收據、收貨單、發貨單、領料單等都是會計憑證。會計憑證的填制和審核，對於完成會計工作的任務、發揮會計在經濟管理中的作用，具有十分重要的意義，歸納起來，有以下三個方面：

1. 會計憑證是登記帳簿的依據

每個企業在生產經營過程中，會發生大量的經濟業務。會計部門要及時正確地記錄這些經濟業務，必須依據會計憑證。每當發生經濟業務時，必須填制相應的會計憑證。這樣可以正確及時地反應各項經濟業務的發生及完成情況。隨著經濟業務的執行和完成，記載經濟業務執行和完成情況的會計憑證就按規定的流轉程序最終匯集到財務會計部門，成為記帳的基本依據。

2. 會計憑證是審核經濟業務的依據

通過會計憑證的審核，可以監督各項經濟業務的合法性，檢查經濟業務是否符合國家的有關法律、制度，是否符合企業目標和財務計劃；檢查經濟業務有無違法亂紀，違反會計制度的現象，以改善經營管理，提高經濟效益。

3. 會計憑證是分清經濟責任的依據

任何一項經濟業務活動，都要由經管人員填制憑證並簽字蓋章，這樣，就便於劃清職責，加強責任感；並便於發現問題，查明責任，從而有利於加強與改善經營管理，推行經濟責任制。

(三) 會計憑證的傳遞和保管

1. 會計憑證的傳遞

會計憑證的傳遞，是指會計憑證從填制到歸檔保管的過程中，在有關單位和人員之間的傳遞程序和傳遞時間。它要根據企業組織機構和人員分工情況和各項經濟業務的特點來確定。一般要求包括：

(1) 傳遞的程序要合理

(2) 傳遞的時間要節約

(3) 傳遞的手續要嚴密

2. 會計憑證的保管

會計憑證的保管，是指會計憑證登帳後的整理、裝訂和歸檔存查。會計憑證是記帳的依據，是重要的經濟檔案和歷史資料，所以對會計憑證必須妥善整理和保管，不得丟失或任意銷毀。

會計憑證的整理和保管，既要便於查找調閱，又要便於保管，防止損壞丟失，主要方法有：

(1) 日常保管

每月記帳完畢，要將本月各種記帳憑證加以整理，檢查有無缺號和附件是否齊全。然後按順序號排列，裝訂成冊。為了便於事後查閱，應加具封面，封面上應註明：單位的名稱所

屬的年度和月份、起訖的日期、記帳憑證的種類、起訖號數、總計冊數等，並由有關人員簽章。為了防止任意拆裝，在裝訂線上要加貼封簽，並由會計主管人員蓋章。

(2) 裝訂成冊

如果在一個月內，憑證數量過多，可分裝若干冊，在封面上加註共幾冊字樣。如果某些記帳憑證所附原始憑證數量過多，也可以單獨裝訂保管，但應在其封面及有關記帳憑證上加註說明，對重要原始憑證，如合同、契約、押金收據以及需要隨時查閱的收據等在需要單獨保管時，應編制目錄，並在原記帳憑證上註明另行保管，以便查核。

(3) 歸檔保管

裝訂成冊的會計憑證應集中保管，並指定專人負責。查閱時，應履行登記手續。

(4) 嚴格執行會計保管期限

會計憑證的保管期限和銷毀手續，必須嚴格執行會計制度的規定。保管期限一般分為永久保存和定期保存。任何人無權自行隨意銷毀。

二、會計憑證的種類

企業發生的經濟業務內容非常複雜豐富，設置的會計憑證多種多樣。按照會計憑證的填制程序和用途一般可以分為原始憑證和記帳憑證兩類。

(一) 原始憑證

原始憑證是記錄經濟業務已經發生或完成，用以明確經濟責任，具有法律效力的最初的書面證明文件。凡不能證明經濟業務發生或完成的各種單據不可作為原始憑證據以記帳，如購銷合同、購料申請單。

原始憑證按其取得的來源不同，可以分為自製原始憑證和外來原始憑證兩類。

自製原始憑證按其填制方法不同，又可分為一次憑證、累計憑證和匯總原始憑證和記帳編制憑證。

(二) 記帳憑證

記帳憑證是會計人員根據審核無誤的原始憑證或匯總原始憑證，用來確定經濟業務應借、應貸的會計科目和金額而填制的，作為登記帳簿直接依據的會計憑證。

由於原始憑證來自不同的單位，種類繁多，數量龐大，格式不一，不能清楚地表明應記入的會計科目的名稱和方向。為了便於登記帳簿，需要根據原始憑證反應的不同經濟業務，加以歸類和整理，填制具有統一格式的記帳憑證，確定會計分錄，並將相關的原始憑證附在後面。這樣不僅可以簡化記帳工作、減少差錯，而且有利於原始憑證的保管，便於對帳和查帳，提高會計工作質量。

記帳憑證按其適用的經濟業務，分為專用記帳憑證和通用記帳憑證兩類。專用憑證按其所記錄的經濟業務是否與現金和銀行存款的收付有無關係，又分為收款憑證、付款憑證和轉帳憑證三種。通用記帳憑證以一種格式記錄全部經濟業務。記帳憑證按其包括的會計科目是否單一，分為復式記帳憑證和單式記帳憑證兩類。記帳憑證按其是否經過匯總，可以分為匯總記帳憑證和非匯總記帳憑證。

會計憑證的分類如圖 4-1 所示：

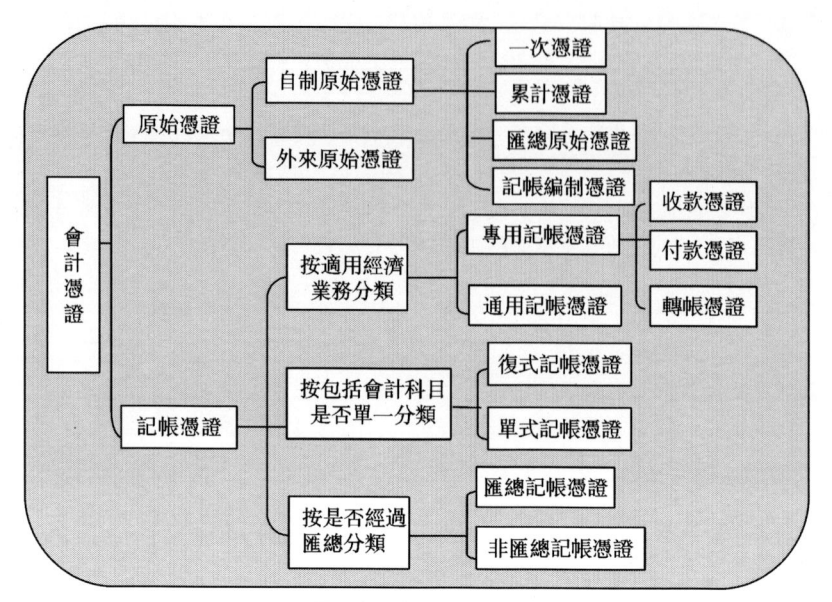

圖 4-1　會計憑證分類

【技能訓練】

訓練目的：1. 掌握會計憑證的種類；
　　　　　　2. 瞭解會計憑證的概念。
訓練要求：1. 能夠分清楚原始憑證和會計憑證的區別；
　　　　　　2. 知道原始憑證和會計憑證的不同作用。
訓練資料一：將學生分成若干組，搜集有關空白的原始憑證和記帳憑證，熟悉兩種憑證的區別，瞭解其不同的作用。
訓練資料二：分組討論原始憑證的作用和種類有哪些？記帳憑證的作用和種類有哪些？

任務二　填制和審核原始憑證

【任務引入】

在認識了會計憑證的內容，瞭解了會計憑證的種類之後，我們接下來要瞭解原始憑證的填制與審核。

任務1：掌握原始憑證的填制。
任務2：瞭解原始憑證的審核。

【任務分析】

由於各項經濟業務的內容和經濟管理的要求不同，各個原始憑證的名稱、格式和內容也是多種多樣的，因此，財會人員應掌握原始憑證的基本內容、填制要求和填制方法。

【相關知識】

填制正確、審核無誤的原始憑證，才能作為編制記帳憑證的依據。

一、原始憑證的基本內容

（一）原始憑證的基本要素

由於各企業發生的經濟業務的多樣性，決定了能證明各項經濟業務發生情況的原始憑證也有所不同。但是，所有的原始憑證都是作為經濟業務的原始證據，因此，各種原始憑證都應具備一些共同的基本內容，這些是原始憑證必須具備的要素：

（1）原始憑證的名稱；
（2）填制原始憑證的日期；
（3）原始憑證的編號；
（4）接受憑證的單位名稱；
（5）經濟業務的內容、數量、金額等基本內容；
（6）金額（單價、數量）；
（7）填制單位及有關人員簽名蓋章。

（二）原始憑證的種類和格式

1. 自製原始憑證

（1）一次憑證

一次憑證是只登記一筆經濟業務的憑證。原始憑證中大多數是一次憑證。一次憑證的填制手續是在經濟業務發生或完成時，由經辦人員填制的，如收料單、領料單、借款單、收據等。收料單格式與內容見表4-1。

表4-1　　　　　　　　　　　　　收料單

供貨單位：　　　　　　　　　收　料　單　　　　　　　　憑證編號：
發票編號：　　　　　　　　　　年　月　日　　　　　　　　收料倉庫：

材料類別	材料編號	材料名稱	計量單位	數量		金額（元）			
				應收	實收	單價	買價	運雜費	合計
備註						合計			

（2）累計憑證

累計憑證是在一定時期內在一張憑證中，連續登記不斷重複發生的若干同類經濟業務的原始憑證。它可以簡化核算手續，減少憑證的數量。如限額領料單，見表4-2。

表 4-2   限額領料單
                                              年　月   編號：
領料單位：   用途：   計劃產量：
材料編號：   名稱規格：   計量單位：
單價：   消耗定量：   領用限額：

××年		請　領		實　發				
月	日	數量	領料單位負責人	數量	累計	發料人	領料人	限額結餘
累計實發金額（大寫）								￥

供應生產部門負責人（簽章）　　　生產計劃部門負責人（簽章）　　　倉庫負責人（簽章）

（3）匯總原始憑證

匯總原始憑證亦稱原始憑證匯總表，是指在會計核算工作中，為了簡化記帳憑證的填制工作，將一定時期若干份記錄同類經濟業務的原始憑證匯總編制成一張匯總憑證，用以集中反應某項經濟業務的完成情況。如工資結算匯總表、發料憑證匯總表、差旅費報銷單等。發料憑證匯總表見表 4-3。

表 4-3   發料憑證匯總表
                                        年　月　日   單位：元

應借科目	應貸科目：原材料				發料合計
^	明細科目：主要材料			輔助材料	^
^	1—10 日	11—20 日	21—30 日	小計	^	^
生產成本 製造費用 管理費用						
合計						

> **注意**：匯總原始憑證只能將同類內容的經濟業務匯總在一起，填列在一張匯總原始憑證上，不能將兩類或兩類以上的經濟業務匯總在一起，填列在一張匯總原始憑證上。

（4）記帳編制憑證的填制方法

記帳編制憑證是根據帳簿記錄，把某一項經濟業務加以歸類、整理而重新編制的一種會計憑證。如製造費用分配表。製造費用分配表見表 4-4。

表 4-4　　　　　　　　　　　　　製造費用分配表
　　　　　　　　　　　　　　　　　　年　　月

應借科目		生產工時	分配率	分配金額
生產成本	×產品			
	×產品			
合計				

2. 外來原始憑證

外來原始憑證是在企業同外單位發生經濟業務時，從外單位取得的原始憑證。如增值稅專用發票、普通發票、車船票等。增值稅專用發票見表 4-5。

表 4-5　　　　　　　　　　　　　××省增值稅專用發票

開票日期：

購貨單位	名稱				納稅人登記號		
	地址、電話				開戶銀行及帳號		
貨物或應收勞務名稱	計量單位	數量	單價	金　　額 百 十 萬 千 百 十 元 角 分	稅率(%)	稅　　額 百 十 萬 千 百 十 元 角 分
合　　計						
銷售單位	名稱				納稅人登記號		
	地址、電話				開戶銀行及帳號		
備註							

收款人：　　　　　　　　　　　　　　　　　　　　　開票單位（未蓋章無效）：

二、原始憑證的填制要求和填制方法

原始憑證是會計核算的原始依據，是明確經濟責任的具有法律效力的文件，必須嚴格按照下列要求填制：

1. 合法合規

憑證所反應的經濟業務必須合法，必須符合國家有關政策、法令、規章、制度要求，不符合以上要求的，不得列入原始憑證。

2. 記錄真實

填制在憑證上的內容和數字，必須真實可靠，要符合有關經濟業務的實際情況。

3. 內容完整，手續完備

各種憑證的內容必須逐項填寫齊全，不得遺漏，必須符合手續完備的要求，經辦業務的有關部門和人員要認真審查，簽名蓋章。

4. 填寫規範

（1）各種憑證的書寫要用藍黑墨水，文字要簡要，字跡要清楚，易於辨認。不得使用未經國務院公布的簡化字；對阿拉伯數字要逐個寫清楚，不得連寫；在數字前應填寫人民幣符號「￥」；屬於套寫的憑證，一定要寫透，不要上面清楚，下面模糊。

（2）大小寫金額數字要符合規格，正確填寫。大寫金額數字應一律用如壹、貳、叁、肆、伍、陸、柒、捌、玖、拾、佰、仟、萬、億、元、角、分、零、整等，不得亂造簡化字，需要填列大寫金額的各種憑證，必須有大寫的金額，不得只填小寫金額，不填大寫金額。

（3）各種憑證不得隨意塗改、刮擦、挖補，填寫錯誤要使用正確的改錯方法更正。

（4）各種憑證必須編號，以便查考。各種憑證如果已預先印定編號，在寫壞作廢時，應當加蓋「作廢」戳記，全部保存，不得撕毀。

5. 填制及時

各種憑證必須及時填制，一切原始憑證都應按照規定程序及時送交財會部門，由財會部門加以審核，並據以編制記帳憑證。

三、原始憑證的審核

原始憑證的種類繁多，來源各異，其填制可能會有偽造、虛假、錯誤等情況出現，如不做好審核，必將影響會計工作的質量，影響會計信息的真實性和可靠性。只有審核無誤的原始憑證，才能作為編制記帳憑證的依據。原始憑證的審核內容包括：

（一）對原始憑證內容合法性和合理性的審核

以國家的有關政策、法令、制度、計劃和合同為依據，審核憑證所記錄的經濟業務是否合法、合理。如有違反，要向本單位領導匯報，必要時可向上級領導機關反應有關情況，進行嚴肅處理。

（二）對原始憑證填制完整性和正確性的審核

以填制原始憑證的基本要求為依據，審核憑證所記錄的經濟內容是否完整，數字計算是否正確，手續是否齊全等。如有手續不完備或數字計算錯誤的憑證，由經辦人員補辦手續或更正錯誤。

【技能訓練】

訓練目的：1. 掌握常見原始憑證審核的基本要素。
2. 熟悉常見原始憑證的基本格式、聯次及各聯次的用途。
3. 掌握常見原始憑證的填制要求。
4. 瞭解原始憑證的傳遞程序。
5. 掌握常見原始憑證審核的主要內容和基本技能。
6. 強化財會人員在辦理會計手續前，必須對原始憑證進行審核，只有審核無誤的原始憑證，才能作為記帳的依據的觀念。

訓練要求：1. 以資料給定的有關業務人員的名義，填寫收款收據、收料單、增值稅專用發票、進帳單和現金支票。
2. 以資料給定的有關業務人員的名義，履行簽字、蓋章手續。
3. 說明填制的原始憑證各聯次的歸屬。

4. 以財務人員的名義，對以上原始憑證進行審核，指出原始憑證存在的問題。

5. 針對原始憑證存在的問題，財會人員應如何處理。

訓練資料一：企業概況：康健食品廠是一個中型食品工業企業，主營餅干、麵包的生產經營業務。該企業為增值稅一般納稅人，康健食品廠地址：西郊，電話：0910-8201686，稅務登記號：590132326470985，開戶銀行及帳號：工行咸陽市六支行，286—54025—078，納稅登記號為140116729386411，適用所得稅率為33%。

財務處有關崗位設置、人員配備及分工如下：

主管崗位：李 平　　　核算崗位：馬 利
復核崗位：王 剛　　　記帳崗位：張 維
出納崗位：王 豔

康健食品廠2014年1月份發生下列部分經濟業務，有關人員填制了相關的原始憑證：

1. 3日，收到供應科職工嚴力交來的賠償款200元，出納陳靜開出一張現金收據。

收款收據　　No. 0018956

（表格：對方帳戶、字第、分號；帳戶；年月日；交款部門；摘要；人民幣（大寫）；百十萬千百十元角分；主管、會計、出納、制票；第二聯 代付出憑證）

2. 8日，從大同市麵粉廠購入麵粉200噸，單價250元，金額50,000元，增值稅8,500元，取得增值稅專用發票一張。同日，倉庫保管張軍將麵粉驗收，無差錯後開出收料單一份。（增值稅專用發票略）

收料單

（表格：供應單位、發票號數、提單號數；編號、字號、材料帳頁、冊頁；年月日；材料項目（編號、分類、名稱、規格）、單位、數量、發票金額（單價、總價）、運雜費；合計；會計主管、材料主管、購料員、記帳、收料 劉偉、制單 李明；第三聯 隨發票交財務部門）

3. 15日，向燕西商廈銷售餅干50箱，單價260元，金額13,000元，增值稅2,210元，由銷售員李亭開出一份增值稅專用發票。收到燕西商廈一張15,210元的轉帳支票，並於同日由出納陳靜填開進帳單，到開戶銀行辦理了轉帳業務。（轉帳支票略、燕西商廈有關資料自己填寫）

陝西省增值稅專用發票

開票日期：　年　月　日　　　　　　　　　　　　　　No. 02234976

購貨單位	名稱		稅務登記號	
	地址、電話		開戶銀行及帳號	

貨物或應稅勞務的名稱	規格型號	計量單位	數量	單價	金額 萬千百十元角分	稅率（%）	稅額 萬千百十元角分
合計							
價稅合計	拾　萬　仟　佰　拾　元　角　分					￥	
備註							

銷貨單位	名稱		稅務登記號	
	地址、電話		開戶銀行及帳號	

銷貨單位（章）：　　　收款人：　　　復核：　　　開票人：
（此聯是第四聯：記帳聯　銷貨方記帳憑證）

中國工商銀行進帳單（收帳通知）

　　　　　　　　　　年　月　日　　　　　　　　　　第　　號

出票人	全稱		收款人	全稱	
	帳號			帳號	
	開戶銀行			開戶銀行	

人民幣（大寫）		千百十萬千百十元角分
票據種類		
票據張數		收款人開戶行蓋章
單位主管　會計　復核　記帳		

此聯是持票人開戶銀行交給持票人的收帳通知

4. 20日，出納陳靜開出了一張現金支票，經會計主管劉用簽字後，從銀行提取現金5,000元備用。

中國工商銀行 現金支票存根 No 0008795462	中國工商銀行現金支票　Ⅵ 0008795462
科　目_____ 對方科目_____ 出票日期　年　月　日 收款人： 金　額： 用　途： 備　註： 單位主管　　會計	出票日期（大寫）　年　月　日　付款行名稱： 收款人：　　　　　　　　　　　出票人帳號： 人民幣（大寫）　千百十萬千百十元角分 用途_____ 上列款項請從我帳戶內支付 出票人簽章 科目（借）_____ 對方科目（貸）_____ 付記日期　年　月　日 出納　復核　記帳 貼對號單處　出　納　對號單

訓練資料二：康健食品廠2014年2月份財會人員在辦理會計事務時，收到下列憑證：

1. 5日，辦公室李強持一張購買辦公用品的普通發票報銷。

咸陽市商業零售普通發票

2014年2月5日　　　　發　票　聯　　　　No. 9613501

購貨單位(人)	名稱	康健食品廠	代碼或身分證號碼	590132326470985						
	地址	西郊	電話	8201686						
品名規格		單位	數量	單價	金額
					萬	千	百	十	元	角	分
鋼筆		支	50	18		9	0	0	0	0
信紙		本	20	2			4	0	0	0	0
墨水		瓶	40	1.8				7	2	0	0
合計（大寫）		壹萬叁仟柒佰貳拾元零角零分	￥	1	3	7	2	0	0
銷貨單位	名稱	咸陽市開元商城購物中心	納稅人識別號	590132204251127
	地址	咸陽市解放市場6號	電話	09107212028

銷貨單位（章）　　　發票投資電話：965888888　　　開票人：劉　峰
　　　　　　　　　　發票舉報電話：8461478

（蓋有開元商城發票專用章）

2. 10日，常住外地的推銷員孫立持一張領條，領取2014年10月到12月份未領的、被單位收回的工資4,500元。

領　條
時間：2014 年 2 月 10 日

領款事由	2002 年 10 月至 12 月工資（被單位收回）	
金　額	大寫：肆仟伍佰元整	¥ 4,500.00
領款人	孫立	審批人
備　註		

3. 25 日，採購員周朝報銷差旅費。本企業財務制度規定，差旅費補助省內每天 20 元，省外每天 50 元，原始單據共 5 張。（假定為省內）

出差費報銷單

會字第　　號
帳戶	帳戶

報銷部門　供應部門　　　　報銷日期：2014 年 2 月 25 日

姓名	周朝	職別	採購員	出差事由		採購材料			
出差起止日期			自 2014 年 2 月 22 起至 2014 年 2 月 24 止共 3 天附單據　張						

日期		起訖地點	天數	車船費		火車硬席補貼	途中伙食補助費	宿費	住勤費	雜費	
月	日			交通工具	金額					用途	金額
2	22	咸陽—青山	1	火車	10		50	30			
2	23	青山	1				30	50			
2	24	青山—咸陽	1	汽車	10		50				
		合計			20		100	60	50		

合計（大寫）	貳佰參拾元	總計	¥ 230.00

審核意見：

負責人：　　會計：　　審核：　　部門主管：徐建業　　出差人：王進

4. 22 日現金存入銀行存款帳戶。

中國工商銀行現金交款單（回　單）　①

收款單位	全　　稱	康健食品廠		交款日期：	2014 年 3 月 22 日
	帳　　號	286-54025-078		款項來源	現金投資款
	開戶銀行	工行咸陽市六支行		交款單位	本單位

人民幣（大寫）	叁拾萬元整	百	十	萬	千	百	十	元	角	分
		¥	3	0	0	0	0	0	0	0

附件	票面	張數	合計金額	票面	張數	合計金額	硬幣		
	一百	200	200,000	五角			一元		元
	五十	200	100,000	二角			五角		元
	十元			一角			一角		元
	五元			五分			五分		元
	二元			二分			二分		元
	一元			一分			一分		元

此聯由銀行蓋章後退回單位

復　核　　收　款
（收款銀行蓋章）

（蓋有收款銀行工行咸陽市六支行收訖章）

任務三　填制和審核記帳憑證

【任務引入】

在認識了會計憑證的內容，瞭解了會計憑證的種類，掌握了原始憑證的填制與審核，我們需要對記帳憑證的填制與審核做進一步的瞭解。

任務 1：掌握記帳憑證的填制。

任務 2：瞭解記帳憑證的審核。

【任務分析】

為了保證會計事項處理正確和記帳憑證編制正確，需要對記帳憑證進行審核，正確的記帳憑證是正確處理帳務的前提。

【相關知識】

對記帳憑證的種類和格式的介紹。記帳憑證可以分為專用記帳憑證、通用記帳憑證、復式記帳憑證、單式記帳憑證。

一、記帳憑證的主要內容

（一）記帳憑證的基本要素

記帳憑證種類甚多，格式不一，但各種記帳憑證必須遵守會計核算的基本要求。必須具備以下基本要素：

（1）記帳憑證的名稱；

（2）記帳憑證的編號；
（3）記帳憑證的日期；
（4）經濟業務的內容摘要；
（5）帳戶（包括一級、二級和明細帳戶）的名稱、記帳方向和金額；
（6）所附原始憑證的張數和其他有關資料；
（7）填制人員、復核人員、記帳人員、會計主管等有關人員的審核簽章。
（二）記帳憑證的種類和格式
1. 專用記帳憑證
專用記帳憑證按其所記錄的經濟業務與現金和銀行存款的收付有無關係，又分為收款憑證、付款憑證和轉帳憑證三種。
（1）收款憑證和付款憑證
收、付款憑證是用來記錄現金和銀行存款收、付款業務的記帳憑證，它是由出納人員根據審核無誤的原始憑證收、付款後填制的，據以登記現金或銀行存款日記帳和有關帳簿的依據。
在收款憑證左上方所填列的借方科目，應是「現金」或「銀行存款」科目。在憑證內所反應的貸方科目，應填列與「現金」或「銀行存款」相對應的科目。
（2）轉帳憑證
轉帳憑證是用以記錄與貨幣資金收付無關的轉帳業務的憑證，它是由會計人員根據審核無誤的轉帳原始憑證填制的。
2. 通用記帳憑證
通用記帳憑證是根據現金、銀行存款收付業務和轉帳業務的原始憑證編制。無論什麼經濟業務，只使用一種格式的記帳憑證。其格式與轉帳憑證相同。
3. 復式記帳憑證
復式記帳憑證是一張憑證上至少登記兩個相互對應的會計科目的憑證。其優點是將一項經濟業務完整地表現在一張記帳憑證上，便於瞭解經濟業務的全貌，瞭解資金的來龍去脈；且填寫方便，附件集中，便於查帳。其缺點是不便於分工記帳，也不便於科目匯總。上述專用憑證和通用憑證都是復式記帳憑證。
4. 單式記帳憑證
單式記帳憑證是每張記帳憑證只填列一個會計科目的記帳憑證。某一項經濟業務如果涉及幾個會計科目，就要填制幾張記帳憑證。單式記帳憑證便於科目匯總，便於分工記帳，但是填制記帳憑證的工作量大，而且出現差錯不易查找。一般適用於業務量大，會計人員較多的單位。它分為「借項記帳憑證」和「貸項記帳憑證」兩種格式，其格式與內容見表 4-6、表 4-7。

表 4-6　　　　　　　　　　借項記帳憑證

對應科目　　　　　　　　　　年　月　日　　　　　　　　　　編號

摘　　要	一級科目	二級或明細科目	金　　額	記　　帳

表 4-7　　　　　　　　　　　　　貸項記帳憑證
對應科目　　　　　　　　　　　　年　月　日　　　　　　　　　　　編號

摘　　要	一級科目	二級或明細科目	金　　額	記　　帳

5. 匯總記帳憑證

匯總記帳憑證是一定時期根據記帳憑證匯總填制的記帳憑證。按匯總方法不同，可分為分類匯總和全部匯總兩種。

（1）分類匯總憑證。分類匯總憑證是根據一定期間的記帳憑證匯總填制的，分為匯總收款憑證、匯總付款憑證和匯總轉帳憑證。

（2）全部匯總憑證。全部匯總憑證是根據一定期間全部記帳憑證匯總填制的，如「科目匯總表」就是全部匯總憑證。其格式與內容見表 4-8。

表 4-8　　　　　　　　　　　記帳憑證（科目）匯總表
　　　　　　　　　　　　　　　　年　月　日　　　　　　　　　　匯字第　　號

借　　方								會計科目	貸　　方							
百	十	萬	千	百	十	元	角	分		百	十	萬	千	百	十	元	角	分
									合計									

會計主管　　　　記帳　　　　出納　　　　　　　　　　　審核　　　　製單

6. 非匯總記帳憑證

非匯總記帳憑證，是沒有經過匯總的記帳憑證，前面介紹的收款憑證、付款憑證和轉帳憑證以及通用記帳憑證都是非匯總記帳憑證。

二、記帳憑證的填制要求和填制方法

1. 填制記帳憑證的依據，必須是經審核無誤的原始憑證或匯總原始憑證。

2. 正確填寫摘要。

一級科目、二級科目或明細科目，帳戶的對應關係、金額都應正確無誤。

3. 記帳憑證的日期。

收付款業務因為要登入當天的日記帳，記帳憑證的日期應是貨幣資金收付的實際日期，但是與原始憑證所記的日期不一定一致。轉帳憑證以收到原始憑證的日期為日期，但在摘要欄要註明經濟業務發生的實際日期。

4. 記帳憑證的編號，要根據不同的情況採用不同的編號方法。

如果企業的各種經濟業務的記帳憑證，採用統一的一種格式（通用格式），憑證的編號可採用順序編號法，即按月編順序號。業務極少的單位可按年編順序號。如果是按照經濟業務的內容加以分類，採用三種格式的記帳憑證，記帳憑證的編號應採用字號編號法。即把不同類型的記帳憑證用字加以區別，再把同類記帳憑證順序號加以連續。三種格式的記帳憑證，採用字號編號法時，具體地編為「收字第××號」「付字第××號」「轉字第××號」。例如，5月15日收到一筆現金，是該月第28筆收款業務，記錄該筆經濟業務的記帳憑證的編號為「收字第28號」。如果一筆經濟業務需要填制一張以上的記帳憑證時，記帳憑證的編號可採用分數編號法。例如，某企業第二筆轉帳會計分錄要編制三張轉帳記帳憑證，編號為轉字第 $2\frac{1}{3}$ 號、轉字第 $2\frac{2}{3}$ 號、轉字第 $2\frac{3}{3}$ 號。

5. 記帳憑證上應註明所附的原始憑證張數，以便查核。

如果根據同一原始憑證填制數張記帳憑證時，則應在未附原始憑證的記帳憑證上註明「附件××張，見第××號記帳憑證」。如果原始憑證需另行保管時，則應在附件欄目內加以註明，但更正錯帳和結帳的記帳憑證可以不附原始憑證。

6. 必須按照會計制度統一規定的會計科目，編制會計分錄，便於綜合匯總。

7. 記帳憑證填寫完畢，應進行復核與檢查，並按所使用的記帳方法進行試算平衡。有關人員，均要簽名蓋章。出納人員根據收款憑證收款，或根據付款憑證付款時，均要在憑證上加蓋「收訖」「付訖」的戳記，以免收重付、防止差錯。

三、審核記帳憑證

（一）審核原始憑證

為了保證會計事項處理正確和記帳憑證編制正確，需要對記帳憑證進行審核，正確的記帳憑證是正確處理帳務的前提。記帳憑證的審核內容包括：

（1）記帳憑證是否附上了全部經過審核了的原始憑證

審核記帳憑證也就是對原始憑證的復核，審核記帳憑證的所記錄的經濟業務與所附原始憑證所反應的經濟業務是否相符。

（2）會計分錄的編制是否符合要求

審核記帳憑證的應借、應貸科目是否正確，帳戶對應關係是否清晰，金額計算是否準確。

（3）記帳憑證填寫是否符合規範

記帳憑證的各項內容是否填列齊全，有關人員是否簽名或簽章等。在審核過程中，如果發現差錯，應查明原因，按規定辦法及時處理和更正。只有經過審核無誤的記帳憑證，才能據以登記帳簿。

(二) 收款憑證舉例

【例 4-1】某通信器材公司 2014 年 5 月 9 日銷售通信器材一批，價款 30,000 元，增值稅銷項稅款 5,100 元，收到支票一張，收訖 35,100 元存入銀行。出納人員根據審核無誤的原始憑證填制銀行存款收款憑證，其內容與格式見表 4-9。

表 4-9　　　　　　　　　　　　　　收款憑證

借方科目 銀行存款　　　　　　　2014 年 5 月 15 日　　　　　　　銀收字第 12 號

摘要	貸方科目		金　　額									
	總帳科目	明細科目	千	百	十	萬	千	百	十	元	角	分
售出器材一批	主營業務收入	略				3	0	0	0	0	0	0
	應交稅金	略					5	1	0	0	0	0
	合計金額				¥	3	5	1	0	0	0	0

付單據 1 張

財務主管：　　記帳：　　審核：　　出納：　　製單：

在付款憑證左上方所填列的貸方科目，應是「現金」或「銀行存款」科目。在憑證內所反應的借方科目，應填列與「現金」或「銀行存款」相對應的科目。

【例 4-2】某通信企業 2014 年 5 月 10 日購入通信器材一批，買價 40,000 元，增值稅進項稅額 6,800 元，共計 46,800 元，開出支票一張。出納人員根據審核無誤的原始憑證填制銀行存款付款憑證，其內容與格式見表 4-10。

表 4-10　　　　　　　　　　　　　　付款憑證

貸方科目 銀行存款　　　　　　　2014 年 5 月 10 日　　　　　　　銀付字第 14 號

摘要	借方科目		金　　額									
	總帳科目	明細科目	千	百	十	萬	千	百	十	元	角	分
購入通信器材一批	原材料	略				4	0	0	0	0	0	0
	應交稅金	略					6	8	0	0	0	0
	合計金額				¥	4	6	8	0	0	0	0

付單據 5 張

財務主管：　　記帳：　　審核：　　出納：　　製單：

小提示： 凡涉及現金和銀行存款之間的劃轉業務、銀行存款帳戶之間的相互劃轉，按現行會計制度規定只填制付款憑證，不編收款憑證，以免重複記帳。如現金存入銀行只填制一張「現金」付款憑證，不再填銀行存款收款憑證。

(三) 轉帳憑證舉例

【例4-3】某通信企業2014年5月15日收到某通信製造商投入設備價值100萬元。會計人員根據原始憑證填制轉帳憑證，其格式與內容見表4-11。

表4-11

轉帳憑證

2014年5月15日　　　　　　　　　　　　　　　　轉字第16號

摘要	借方科目		貸方科目		金　額									附單據1張
	總帳科目	明細科目	總帳科目	明細科目	千	百	十	萬	千	百	十	元	角	分
投入設備	固定資產	略	實收資本	略	1	0	0	0	0	0	0	0	0	0
合計					¥	1	0	0	0	0	0	0	0	0	0

會計主管　　　　記帳　　　　出納　　　　審核　　　　製單

【技能訓練】

訓練目的：1. 掌握帳戶設置和復式記帳的方法。
　　　　　2. 掌握填制記帳憑證的基本技能。
　　　　　3. 瞭解加工企業主要經濟業務的帳務處理。

訓練要求：1. 根據各項經濟業務的原始憑證，分別填制復式記帳憑證。
　　　　　2. 將原始憑證附在相關記帳憑證下面（裁剪）。

訓練資料一：康健食品廠2014年3月21日—31日發生的部分經濟業務及原始憑證如下：

1. 21日收到張永紅現金投資300,000元（投資合同略）。

對方帳戶	字第　分號		**收 款 收 據**	No. 0024389	第三聯 代收入憑證
（　）現　金　帳戶			2014年3月21日		
交款部門	張永紅				
摘要	投資款				
人民幣（大寫）	叁拾萬元整			百 十 萬 千 百 十 元 角 分	
				¥　3 0 0 0 0 0 0 0 0	

主管　段小安　　會計　馬玲　　出納　陳靜　　記帳　　復核　馬玲　　制票　馬玲
（蓋有康健食品廠的財務專用章）

2. 22 日現金存入銀行存款帳戶。

中國工商銀行現金交款單（回　單）　①

收款單位	全　稱	康健食品廠		交款日期：			2014 年 3 月 22 日					
	帳　號	286-54025-078		款項來源			現金投資款					
	開戶銀行	工行咸陽市六支行		交款單位			本單位					

人民幣（大寫）：　叁拾萬元整

	百	十	萬	千	百	十	元	角	分
¥	3	0	0	0	0	0	0	0	0

附件	票面	張數	合計金額	票面	張數	合計金額	硬幣	
	一百	2,000	200,000	五角			一元	元
	五十	2,000	100,000	二角			五角	元
	十元			一角			一角	元
	五元			五分			五分	元
	二元			二分			二分	元
	一元			一分			一分	元

復　　　收
核　　　款
（收款銀行蓋章）

此聯由銀行蓋章後退回單位

（蓋有收款銀行工行咸陽市六支行收訖章）

3. 22 日銀行借入款存入銀行存款帳戶（借款合同略）。

借款憑證（第一聯）收帳通知

2014 年 3 月 22 日　　銀行編號　總字　　號

借款單位名稱	康健食品廠	貸款戶帳號	286-75431-069
		結算戶帳號	286-54025-078

借款金額	人民幣大寫	伍拾萬元整	千	百	十	萬	千	元	角	分
			¥		5	0	0	0	0	0

用　途	採購材料	貸款種類	臨時
貸款利率	1.8‰	約定償還日期	2014 年 6 月 22 日

上列借款已轉入我方結算戶特此通知	單位會計分錄
	記帳　　　　年　　月　　日
銀行蓋章	備註

此聯由銀行轉帳後蓋章退給貸款

（蓋有工行咸陽市六支行轉訖章）

4. 23 日購入設備。

陝西省增值稅專用發票

開票日期：2014 年 3 月 23 日　　　　　　No. 01268776

購貨單位	名稱	康健食品廠	稅務登記號	5 9 0 1 3 2 3 2 6 4 7 0 9 8 5
	地址、電話	咸陽 0910-8201686	開戶銀行及帳號	工行咸陽六支行 286-54025-078

貨物或應稅勞務的名稱	規格型號	計量單位	數量	單價	金額 萬千百十元角分	稅率(%)	稅額 萬千百十元角分
電機	JR137-6/28ckw	臺	2	13,248.00	2 6 4 9 6 0 0	17	4 5 0 4 3 2
軸承		套	4	428.00	1 7 1 2 0 0	17	2 9 1 0 4
合　計				¥	2 8 2 0 8 0 0	¥	4 7 9 5 3 6
價稅合計	零拾叁萬叁仟零佰零拾叁元叁角陸分					¥ 33,003.36	
備　註							

銷貨單位	名稱	咸陽華光機電設備有限公司	稅務登記號	5 9 0 1 3 2 7 1 0 1 4 8 7 5 5
	地址、電話	咸陽市星光路20號，0910-7626895	開戶銀行及帳號	工行咸陽西關分理處 217-66855-03

銷貨單位(章)：　　　收款人：　　　復核：　　　開票人：張俊
(蓋有咸陽華光機電設備有限公司發票專用帳)

第二聯：發票聯　購貨方記帳憑證

中國工商銀行　　　　　　　(陝)
轉帳支票存根
Ⅶ Ⅱ 01155890

科　　目　　銀行存款
對方科目　　固定資產
出票日期 2003 年 3 月 23 日

收款人：咸陽光華機電設備有限公司
金　額：33,003.36
用　途：購設備

單位主管　段小安　　會計　馬玲

项目四 填制和审核会计凭证 | 103

5. 24日销售产品、货款已收妥。

陕西省增值税专用发票

开票日期：2014年3月24日　　　发　票　联　　　No. 02234976

购货单位	名称	大众副食商场			税务登记号	5 9 0 1 3 2 3 2 6 4 7 0 9 8 5
	地址、电话	咸阳市七厂什字 0910-3266405			开户银行及帐号	工建行未央区营业部 587-263051-22

货物或应税劳务的名称	规格型号	计量单位	数量	单价	金额 万千百十元角分	税率(%)	税额 万千百十元角分
饼干		箱	300	246.00	7 3 8 0 0 0 0	17	1 2 5 4 6 0 0
面包		箱	100	220.00	2 0 0 0 0 0 0	17	3 7 4 0 0 0
合　　计					9 5 8 0 0 0 0		1 6 2 8 6 0 0
价税合计	壹拾壹万贰仟零捌拾陆元零角零分					¥ 112,086.00	
备　　注							

销货单位	名称	康健食品厂			税务登记号	5 9 0 1 3 2 3 2 6 4 7 0 9 8 5
	地址、电话	西郊，0910-8201686			开户银行及帐号	工行咸阳市六支行 286-54025-078

销货单位（章）：　　收款人：　　复核：　　开票人：张俊

（盖有咸阳华光机电设备有限公司发票专用章）

第四联：记帐联　销货方记帐凭证

中国工商银行进帐单（收帐通知）

2014年3月24日　　　　　第　　号

出票人	全称	大众副食商场	收款人	全称	康健食品厂
	帐号	587-263051-22		帐号	286-54025-078
	开户银行	建行未央区营业部		开户银行	工行咸阳市六支行

人民币（大写）	壹拾壹万贰仟零捌拾陆元整	千百十万千百十元角分
		¥ 1 1 2 0 8 6 0 0

票据种类	转　支
票据张数	1
单位主管　会计　复核　记帐	收款人开户行盖章

此联是持票人开户银行交给持票人的收帐通知

6. 24 日購買辦公用品。

咸陽市商業零售普通發票

2014 年 3 月 24 日　　　　　發　票　聯　　　　　No. 02374581

購貨單位(人)	名稱	康健食品廠	代碼或身分證號碼	590132326470985
	地址	西郊	電話	8201686

品名規格	單位	數量	單價	金額 萬 仟 佰 拾 元 角 分
格紙	支	10	3.60	3 6 0 0
碳素筆	支	5	8.00	4 0 0 0
合計(大寫)	零萬零仟零佰柒拾陸元零角零分			¥　　7 6 0 0

銷貨單位	名稱	咸陽市開元商城購物中心	納稅人識別號	590132204251127
	地址	咸陽市解放市場 6 號	電話	09107212028

第二聯 發票聯

銷貨單位(章)　　　發票投訴電話：965888888　　　開票人：牛　文
　　　　　　　　　發票舉報電話：8461478

(蓋有開元商城發票專用章)

7. 24 日購入材料並驗收入庫。

陝西省增值稅專用發票

開票日期：2014 年 3 月 24 日　　　　　發　票　聯　　　　　No. 02234976

購貨單位	名稱	康健食品廠	稅務登記號	5 9 0 1 3 2 3 2 6 4 7 0 9 8 5
	地址、電話	咸陽市西郊　8201686	開戶銀行及帳號	工行咸陽市六支行　286-54025-078

貨物或應稅勞務的名稱	規格型號	計量單位	數量	單價	金額 萬仟佰拾元角分	稅率(%)	稅額 萬仟佰拾元角分
白砂糖		噸	200	215.00	4 3 0 0 0 0 0	17	7 3 1 0 0 0
合　計					4 3 0 0 0 0 0		7 3 1 0 0 0
價稅合計	零拾伍萬零仟參佰壹拾零元零角零分				¥　50,310.00		
備　註							

銷貨單位	名稱	華星糖酒公司	稅務登記號	5 9 0 2 0 2 2 1 1 4 1 5 9 5
	地址、電話	銅城市新川路，2369425	開戶銀行及帳號	工行營業部 102-02210071-118

第四聯：記帳聯　銷貨方記帳憑證

銷貨單位(章)：　　　收款人：　　　複核：馬　銅　　　開票人：張　壹

(蓋有華星糖酒公司的發票專用章)

電匯憑證（回單）　　1
委託日期 2014 年 3 月 20 日

	全稱	康健食品廠		全稱	華星糖酒公司
匯款人	帳號或住址	286-54025-078	收款人	帳號或住址	102-02210071-118
	匯出地點	陝西省咸陽市		匯入地點	陝西省銅城市
	匯出行名稱	工行咸陽市六支行		匯入行名稱	工行營業部

金額（大寫）：人民幣 伍萬零叁佰壹拾元整　　￥50310 00

匯款用途：購熟料

上列款項已根據委託辦理，如需查詢，請持此回單來行面洽。

單位主管　會計　出納　記帳

匯出行蓋章
2003 年 3 月 20 日

（蓋有工行咸陽六支行轉訖章）　　此聯是匯出行給匯款人的回單

收　料　單
2014 年 3 月 25 日

供應單位：
發票號數：
提單號數：

編號　字號
材料帳頁　冊　頁

編號	材料項目 分類	名稱	規格	單位	數量	單價	總價	運雜費
001	主要材料	白砂糖		噸	200	2150 0 0	430000 0 0	
	合計						￥430000 0 0	

第三聯　隨發票交財務部門

會計主管　　材料主管 徐建業　　購料員 張世杰　　記帳 馬玲　　收料 文靜　　製單 馬樂

8. 26日採購員張世杰預借差旅費。

借 款 單

2003年3月26日

工作部門	供應科	姓名	張世杰	簽章									
借款金額	（大寫）貳仟元整					十萬	萬	千	百	十	元	角	分
							¥	2	0	0	0	0	0
用　　途	參加華北投資貿易洽談會												
本單位批示	同意 段小安 3.26 同意 李永強 3.26	上級批示		歸還計劃	日期	金　　額			日期	金　　額			

第一聯　會計記帳

9. 25日李大明報銷培訓費。

陝西省事業性收費現金專用繳款書（代發票）

填發日期：　2014年3月20日　　　　No：　TH 0198708

繳　款　人	康健食品廠	收款單位	全　　稱	咸陽市財政局收費管理處						
執 收 單 位	咸陽市商貿學校		帳　　號	201-249008-94						
執收單位主管部門	咸陽市財政局		開戶銀行	工行咸陽市分行營業部						
收　費　項　目		數　量	單　位	單　價	金　額					
	||		萬	千	百	十	元	角	分
培　訓　費 || 1	人	1,600		1	6	0	0	0	0
金額合計人民幣（大寫）：壹仟陸佰元整										
收款單位蓋章		執業單位蓋章		上列款項已劃轉收款單位帳戶 （收款銀行蓋章）						

第五聯（回單）銀行收款蓋章後退繳款單位

（以上各章均蓋有）

10. 25日公司車隊運輸收入。

陝西省咸陽市公路貨運發票
記 帳 聯
陝地稅（99）貨運四聯

托運人：咸陽建新商城　　　在屬單位：康健食品廠　　　牌照號：陝A802336

裝貨地點	西郊			發貨人	康健食品廠	地址	西郊	電話	0910-8201686
卸貨地點	七廠什字			收貨人	建新商城	地址	七廠什字	電話	0910-3266405
運單或貨簽號碼	略	計費里程	20公里	付款人	同上	地址	同上	電話	同上

貨物名稱	包裝形式	件數	實際重量（噸）	計費運輸量		噸公里運價			運費金額	其他費收		運雜費小計
				噸	噸公里	貨物等級	道路等級	運價率		費目	金額	
餅干			300						1,200	裝卸費		
麵包			100						400			

運雜費合計人民幣（大寫）壹仟陸佰元整　　　　　　　￥ 1,600.00

備註：

開票單位（蓋章）　　開票人 李銷喜　　承運駕駛員 賀小同　　2003年3月25日
（蓋有康健食品廠的財務專用章和現金收訖字樣）

第三聯 記帳憑證

11. 27日提取現金備用。

中國工商銀行（陝）
現金支票存根
VII II 00934933

科　目　　銀行存款
對方科目　　庫存現金
出票日期 2014年3月27日

收款人：康健食品廠
金　額：3,000.00
用　途：備用金

單位主管 段小安　　會計 馬玲

安中鈔證券印製廠2004年印製

12. 28日，業務科報招待餐費。

```
┌─────────────────────────────────────────────────────┐
│           陝西省咸陽市飲食娛樂業定額發票              │
│              發 票 聯         咸地稅（99A）          │
│  客戶名稱：                    No. 5665201       報 │
│                                                  銷 │
│              金額： 伍  拾  元                    憑 │
│  收款單位（未蓋章無效）                           證 │
│                                                     │
│  收款人：                                           │
│                    2014年3月28日                     │
└─────────────────────────────────────────────────────┘

┌─────────────────────────────────────────────────────┐
│           陝西省咸陽市飲食娛樂業定額發票              │
│              發 票 聯         咸地稅（99A）          │
│  客戶名稱：                    No. 5665201       報 │
│                                                  銷 │
│              金額： 壹  佰  元                    憑 │
│  收款單位（未蓋章無效）                           證 │
│                                                     │
│  收款人：                                           │
│                    2014年3月28日                     │
└─────────────────────────────────────────────────────┘

┌─────────────────────────────────────────────────────┐
│           陝西省咸陽市飲食娛樂業定額發票              │
│              發 票 聯         咸地稅（99A）          │
│  客戶名稱：                    No. 5665201       報 │
│                                                  銷 │
│              金額： 貳  佰  元                    憑 │
│  收款單位（未蓋章無效）                           證 │
│                                                     │
│  收款人：                                           │
│                    2014年3月28日                     │
└─────────────────────────────────────────────────────┘
```

（以上發票均蓋有咸陽市惠園飯店的發票專用章）

13. 28 日支付一季度銀行借款利息（企業已預提）。

中國工商銀行存（貸）款計息憑證

2014 年 3 月 25 日　　　　第　　　號

付款人	全稱	康健食品廠	收款人	全稱	工行咸陽市六支行	
	帳號	286-54025-078		帳號	601-851001-20	

金額	人民幣（大寫）	玖仟陸佰伍拾壹元陸角整	千	百	十	萬	千	百	十	元	角	分
						¥	9	6	5	1	6	0

備註：結息期自 12 月 26 日至 3 月 25 日，月利率 1.8‰
積數：1,608,060,000.00

工行咸陽市六支行轉訖公章

復核　　記帳

第三聯　收（付）息通知

---

14. 29 日採購員張世杰報銷差旅費，餘款退回。（火車票、住宿發票從略）

差旅費報銷單

報銷部門　供應科　　　　報銷日期：2014 年 3 月 29 日

會字第　　號
帳戶	帳戶

姓名	張世杰	職別		出差事由	北京參加華北投資與貿易洽談會

出差起止日期：自 2014 年 3 月 25 日起至 2014 年 3 月 28 日止共 4 天附單據 3 張

日期		起訖地點	天數	車船費		火車硬席補貼	途中伙食補助費	宿費	住勤費	雜費	
月	日			交通工具	金額					用途	金額
3	25	咸陽—北京	1	特快火車	256.00		40.00				
3	25	北京	3					540.00	120.00		
3	28	北京—咸陽	1	特快火車	256.00						
		合計			512.00			540.00	120.00		
合計（大寫）			壹仟貳佰伍拾貳元整			總計		¥ 1,252.00			

審核意見：

負責人：李永強　　會計：馬玲　　審核：馬玲　　部門主管：徐建業　　出差人：張世杰

收款收據

No. 0018956

對方帳戶	字第 分號		

（　　）＿＿＿＿＿帳戶　　2014 年 3 月 29 日

交款部門	供應科張世杰
摘要	差費報銷票據 4 張，金額 1,252 元，現金 748 元
人民幣（大寫）	貳仟元整　　　¥ 2 0 0 0 0 0（百十萬千百十元角分）

主管 段小安　會計　　出納 陳靜　記帳　　復核　　制票 馬玲

（蓋有康健食品廠財務專用章）

第二聯 代付出憑證

---

15. 29 日收到由燕西商廈的轉帳支票一張。

中國工商銀行陝西省分行進帳單（收帳通知）

2014 年 3 月 29 日　　第 1 號

出票人	全稱	燕西商廈	收款人	全稱	康健食品廠
	帳號	286-54011-59		帳號	286-54025-078
	開戶銀行	工行碑林分理處		開戶銀行	工行咸陽市六支行

人民幣（大寫）	壹拾肆萬肆仟元整	¥ 1 4 4 0 0 0 0 0（千百十萬千百十元角分）
票據種類	轉支	工行咸陽市六支行轉訖公章
票據張數	1	
單位主管　會計　復核　記帳		收款人開戶行蓋章

此聯是持票人開戶銀行交給持票人的收帳通知

---

16. 31 日分配結轉本月發出材料成本。

康健食品廠發料憑證匯總表

2014 年 3 月 31 日

	領料單張數	貸方科目	借方科目				
			生產成本	製造費用	管理費用	其他業務支出	合計
1-10	10	材料	412,000	48,000			460,000
11-20	6	材料	360,000	12,000	10,000		382,000
21-31	8	材料	310,000	32,000		6,000	348,000
合計			麵包：432,800 餅干：649,200 1,082,000	92,000	10,000	6,000	1,190,000

會計主管：段小安　　記帳：馬玲　　復核：段小安　　製表：馬玲

17. 31日，分配本月工資費用。

工資費用分配表

2014 年 3 月 31 日　　　　　　　　　　　　　　　　單位：元

車間部門		應 分 配 金 額
車間生產	麵包產品工人工資	28,520
	餅干產品工人工資	42,780
	生產人員工資小計	71,300
車間管理人員		4,180
廠部管理人員		7,600
專設銷售機構人員		2,420
運輸車隊人員		6,900
合　　　計		92,400

會計主管：段小安　　　會計：馬玲　　　製表：馬玲

18. 31日，計提本月資產折舊費用。

固定資產折舊計算表

2014 年 3 月 31 日　　　　　　　　　　　　　　　　單位：元

使用部門	上月固定資產折舊額	上月增加固定資產應計提折舊額	上月減少固定資產應計提折舊額	本月應計提的折舊額
生產車間	50,200	3,400		53,600
廠　部	19,000		500	18,500
運輸車隊	11,500			11,500
合　計	80,700	3,400	500	83,600

會計主管：段小安　　　審核：段小安　　　製表：馬玲

19. 31日，計提本月銀行借款利息費用。

銀行借款利息計提計算表

2014 年 3 月 31 日　　　　　　　　　　　　　　　　單位：元

借 款 金 額	月 利 率	應 提 利 息
1,500,000	1.8‰	2,700

會計主管：段小安　　　審核：段小安　　　製表：馬玲

20. 31 日，攤銷本月費用。

待攤費用分配表

2014 年 3 月 31 日　　　　　　　　　　　　　　　　　　　　　　　單位：元

車間部門	財產保險費			報刊費		
	實際支付	分攤期	本期計提	實際支付	分攤期	本期計提
生產車間	24,000	12	2,000	1,200	12	100
廠部	3,600	12	300	900	12	75
運輸車隊	12,000	12	1,000	600	12	50
合計	39,600		3,300	2,700		225

21. 31 日，結轉分配本月製造費用。

製造費用分配表

車間：生產車間　　　　　2014 年 3 月 31 日　　　　　　　　　　　　單位：元

分配對象	分配標準（生產工人工資）	分配率	分配金額
麵包	28,520		62,744
餅干	42,780		94,116
合計	71,300		156,860

22. 結轉本月完工產品成本，並驗收入庫。

完工產品成本計算單

2014 年 3 月 31 日　　　　　　　　　　　　　　　　　　　　　　　單位：元

成本項目	麵包（3,275.4 箱）		餅干（4,367.2 箱）	
	總成本	單位成本	總成本	單位成本
直接材料	432,800	132.14	649,200	148.65
直接人工	28,520	8.71	42,780	9.80
製造費用	62,744	19.15	94,116	21.55
合計	524,064	160	786,096	180

會計主管：段小安　　　　審核：段小安　　　　製表：馬玲

產成品入庫單

交庫單位：生產車間　　　　2014 年 3 月 31 日　　　　　　　　　　單位：元

產品名稱	單位	交付數量	實收數量	總成本	單位成本
麵包	箱	3,275.4	3,275.4	524,064	160
餅干	箱	4,367.2	4,367.2	786,096	180
合計				1,310 160	

送庫車間：生產車間　　　　檢驗員：劉大山　　　　保管：呼杰

23. 31 日結轉已銷售產品成本。

產品出庫單

收貨單位　　　　　　　　2014 年 3 月 31 日　　　　　　　　　　單位：元

品種及規格	單位	數量	單價	金額	備註
麵包	箱	2,620	160	419,200	
餅干	箱	3,493	180	628,740	
合計				1,047,940	

主管：馬 凡　　　　　審核：王 玉　　　　　製表：齊 田

已銷產品成本計算表

2014 年 3 月 31 日　　　　　　　　　　　　　　　　單位：元

產品名稱	計量單位	月初結存 數量	月初結存 總成本	本月入庫 數量	本月入庫 總成本	本月銷售 數量	本月銷售 總成本
麵包	箱	3,260	521,600	3,275.4	524,064	2,620	419,200
餅干	箱	3,840	691,200	4,367.2	786,096	3,493	628,740
合 計			1,212,800		1,310,160		1,047,940

會計主管：段小安　　　　　審核：段小安　　　　　製表：馬玲

訓練資料二：該企業 2014 年 4 月發生以下經濟業務：填制記帳憑證。

1. 2014 年 4 月 1 日，出納王豔從銀行提取現金 3,000 元備用。

2. 4月6日，從華星糖酒公司購入白砂糖並驗收入庫。

陝西省（市、區）增值稅專用發票

開票日期：2014年4月6日　　　　　　　　　　　　　　　　　　No 003625

購貨單位	名稱	康健食品廠	納稅人登記號	140116729386411
	地址、電話	4060386	開戶銀行及帳號	工行西辦 125-830080573

商品或勞務名稱	計量單位	數量	單價	金額（百十萬千百十元角分）	稅率 %	金額（百十萬千百十元角分）
白砂糖	千克	500	5.00	￥2 5 0 0 0 0	17	￥4 2 5 0 0

價稅合計（大寫）	⊗佰⊗拾⊗萬貳仟玖佰貳拾伍元零角零分	￥2,925.00

銷貨單位	名稱	省糖酒公司	納稅人登記號	140127663892175
	地址、電話	7078820	開戶銀行及帳號	工行營業部 3197693

收款人：曹平　　　　　　　　　　　　　　　　開票單　省糖酒公司公章

第二聯 發票聯

康健食品廠材料入庫單

類別：　　　　　　　　　　　　　　　　　　　　　　　　　　No
庫別：　　　　　　　　　2014年4月6日　　　　　　　　　單位：元

材料編號	名稱	規格及型號	計量單位	數量 應收	數量 實收	實際成本 買價 單價	實際成本 買價 金額	運雜費	其他	合計
	白砂糖		千克	500	500	5.00	2,500			2,500
供應單位	省糖酒公司		單據號碼			003625				
備註										

主管：李平　　　驗收：馬良　　　採購：張三　　　製單：劉興

第三聯 財會記帳

中國工商銀行
轉帳支票存根　（秦）
Ⅻ 04485235

科　目　　銀行存款
對方科目　　原材料
出票日期 2014年4月6日

收款人：華星糖酒公司
金　額：2,925.00
用　途：購貨

單位主管　段小安　　會計　馬玲

3. 4月10日，以銀行存款支付廣告費。

陝西省商業專用發票
發 票 聯　　　　　　№3625

客戶名稱：康健食品廠　　2014年4月10日　　秦稅（02）第1版（3）

項　目	單位	數量	單　價	金　額						
				萬	千	百	十	元	角	分
廣告制作	次	10	200.00	¥	2	0	0	0	0	0
合計金額（大寫）	貳仟元整									

② 報銷憑證

單位（蓋章有效）　金星廣告公司公章　　開票人：申東紅　　收款人：張超

中國工商銀行　（秦）
轉帳支票存根
Ⅸ Ⅱ 04485237

科　目 _____
對方科目 _____
出票日期 2014年4月10日

　　收款人：__金星廣告公司__
　　金　額：__2,000.00__
　　用　途：__廣告制作費__
　　備　註：_____

單位主管　　　會計

4. 4月14日，從銀行借入300,000元，期限為5個月。

中國工商銀行 借款借據 第一聯借據回單

銀行編號：　　　　　　　立據 2014 年 4 月 14 日　　　　　　No 0002338

借款單位名稱	康健食品廠	放款帳號	128-430045723	利率	4%
		存款帳號	125-830080573		

借款金額（大寫）	叁拾萬元整	千 百 十 萬 千 百 十 元 角 分
		¥ 3 0 0 0 0 0 0 0

約定還款日期	2014 年 9 月 14 日	借款種類	147	借款合同號碼	2004-2338
展期到期日期	年　月　日				

借款直接用途	1. 流動資金借款	4.	還款記錄	年	月	日	還款金額	餘 額
	2.	5.						
	3.	6.						

根據簽訂的借款合同和你單位申請借款用途，經審查同意發放上列金額貸款。
　中國工商銀行　　　　　行　批准人　　　　　（銀行轉帳蓋章）
　　　　　　　　　　　　　　　　　　　　　　　2014 年 4 月 14 日

此聯退交借款單位

5. 4月19日，銷售產品，貨款未收。

陝西省（市、區）增值稅專用發票

開票日期：2014 年 4 月 19 日　　　　　　　　　　　　　　No 003524

購貨單位	名　　稱	大眾副食商場廠	納稅人登記號	257669325138097
	地址、電話	7976812	開戶銀行及帳號	工行營業部 63352481

商品或勞務名稱	計量單位	數量	單價	金　額 百十萬千百十元角分	稅率 %	金　額 百十萬千百十元角分
餅　干	箱	40	500	¥ 2 0 0 0 0 0 0	17	¥ 3 4 0 0 0 0

價稅合計（大寫）	⊗佰⊗拾貳萬叁仟肆佰零拾零元零角零分	¥：23,400.00

銷貨單位	名　　稱	康健食品廠	納稅人登記號	140116729386411
	地址、電話	4060386	開戶銀行及帳號	工行西辦 125-830080573

收款人：曹平　　　　　　　　　　　　　　開票單　康健食品廠公章

第四聯記帳

6. 4 月 24 日，採購員張明借支差旅費，以現金支付。

借 款 單

借款日期：2014 年 4 月 24 日　　　　　　　　　　　　　　　　　　第　　號

單位或部門	供應科	部門領導指示	略	借款事由	差旅費
申請借款金額	金額（大寫）	叁佰元整			￥300.00
批准金額	金額（大寫）	叁佰元整			￥ 300.00
領導批示	略	財務主管	李平	借款人	張明

7. 4 月 25 日，車間領用材料。

材 料 領 用 單　　　　　　　　　單位：元

領用單位：生產車間　　　2014 年 4 月 25 日　　　　　編號：

項目\用途	材料名稱 麵粉		規格型號	計量單位 千克	
	請領	實發	單位成本	總成本	備註
生產餅干用	1,000	1,000	3	3,000	
合　　計	3,000	3,000	3	3,000	

主管：李平　　　審核：馬良　　　領料：黃鎮　　　發料：嚴明守

②此聯經簽收交材料核算員

8. 4 月 30 日，分配工資費用。

工 資 費 用 分 配 表

2014 年 4 月　　　　　　　　　　　　　計量單位：元

應借帳戶	分配標準（工時）	分配率	分配金額
生產成本——餅干	略	略	6,000
製造費用	略	略	600
管理費用	略	略	1,400
合　　計	略	略	8,000

會計主管：李平　　　審核：王剛　　　製表：田亮

9. 4月30日，計提固定資產折舊。

固定資產折舊計算表

2014年4月　　　　　　　　　　　　　計量單位：元

使用單位	原　值	年折舊率	本月應計提折舊額
生產車間			2,000
行政管理部門			1,000
合　計			3,000

會計主管：李平　　　　　審核：王剛　　　　　製表：田亮

10. 4月30日，分配結轉本月製造費用。

製造費用分配表

2014年4月30日　　　　　　　　　　計量單位：元

應借帳戶	分配標準（工時）	分配率	分配金額
生產成本—餅干	（略）	（略）	2,600
合　計	（略）	（略）	2,600

會計主管：李平　　　　　審核：王剛　　　　　製表：田亮

11. 4月30日，產品完工，驗收入庫。

產成品入庫單

交庫單位：一車間　　　2014年4月30日　　　　編號：

產品名稱	型號規格	單位	交付數量	檢驗結果 合格	檢驗結果 不合格	實收數量	金額
餅干		噸	50	50		50	10,000

車間主任（略）　　　　檢驗員（略）　　　　保管員（略）

12. 4月30日，結轉本月銷售產品成本。

產成品出庫單

領用單位：銷售科　　　2014年4月19日　　　　編號：001

產品名稱	規格型號	計量單位	出庫數量	金額
餅干		噸	20	8,000
合計				8,000

主管：（略）　　審核：（略）　　保管：（略）　　經手人：（略）

第三聯 交財務科

13. 4月30日，結轉本月損益帳戶。

主營業務收入　　20,000
主營業務成本　　　8,000
銷售費用　　　　　2,000
管理費用　　　　　2,400

任務四　會計憑證的傳遞與保管

一、會計憑證的傳遞

1. 明確會計憑證傳遞的重要性

正確、合理地組織匯款憑證的傳遞，對於及時處理和登記經濟業務，協調單位內部各部門、各環節的工作，加強經營管理的崗位責任制，實行會計監督，具有重要的作用。

2. 合理確定會計憑證的傳遞要素

會計憑證的傳遞主要包括憑證的傳遞路線、傳遞時間和傳遞手續三方面的要素。

各單位應根據經濟業務的特點、機構設置、人員分工情況，以及經營管理上的需要，明確規定會計憑證的聯次及其流程。既要使會計憑證經過必要的環節進行審核和處理，又要避免會計憑證在不必要的環節停留，從而保證會計憑證沿著最簡捷、最合理的路線傳遞。

會計憑證的傳遞時間是指各種憑證在各經辦部門、環節所停留的最長時間。它應考慮各部門和有關人員，根據在正常情況下辦理經濟業務所需時間來合理確定。明確會計憑證的傳遞時間，能防止拖延處理和積壓憑證，保證會計工作的正常秩序，提高工作效率。一切會計憑證的傳遞和處理，都應在報告期內完成。否則，將會影響會計核算的及時性。

會計憑證的傳遞手續是指在憑證傳遞過程中的銜接手續。應該做到既完備嚴密，又簡便易行。憑證的收發、交接都應按一定的手續制度辦理，以保證會計憑證的安全和完整。

會計憑證的傳遞路線、傳遞時間和傳遞手續，還應根據實際情況的變化及時加以修改，以確保會計憑證傳遞的科學化、制度化。

二、會計憑證傳遞的意義

1. 通過會計傳遞，有利於及時地反應各項經濟業務的發生或完成情況，通過會計傳遞程序和時間就能把有關經濟業務完成情況，及時地反應給有關部門和人員，以保證會計憑證按時送到財務會計部門，及時記帳、結帳，按規定編制會計報表。

2. 通過會計傳遞，有利於正確地組織經濟活動，貫徹經濟責任制，通過正確地組織會計憑證的傳遞，能把本單位各有關部門和人員的活動緊密聯繫起來，明確分工協作關係，強化各工作的監督和制約作用，體現經濟責任制度的執行情況。

3. 通過會計憑證的傳遞，能加強會計監督。會計憑證實際上起著相互牽制、監督的作用，可以督促各有關部門和人員及時正確地完成各項經濟業務，並按規定辦理好各種憑證手續，從而加強各部門崗位責任制，有利於發揮會計的監督作用。

三、會計憑證傳遞的要求

1. 要根據經濟業務的特點、企業內部機構的設置和人員分工的情況,以及經營管理上的需要,恰當地規定各種會計憑證的聯數和所流經的必要環節。做到既要使各有關部門和人員能利用憑證瞭解經濟業務情況,並按照規定手續進行處理和審核;又要避免憑證傳遞通過不必要的環節,影響傳遞速度。

2. 要根據有關部門和人員對經濟業務辦理必要手續(如計量、檢驗、審核、登記等)的需要,確定憑證在各個環節停留的時間,保證業務手續的完成。但又要防止不必要的耽擱,從而使會計憑證以最快速度傳遞,以充分發揮它及時傳遞經濟信息的作用。

3. 建立憑證交接的簽收制度。為了確保會計憑證的安全和完整,在各個環節中都應指定專人辦理交接手續,做到責任明確、手續完備、嚴密、簡便易行。

四、會計憑證傳遞的程序和方法

1. 規定傳遞路線

各單位應根據經營業務的特點,結合內部機構和人員分工情況以及滿足經營管理和會計核算的需要,規定會計憑證的傳遞程序,並據此規定會計憑證的份數,使經辦業務的部門和人員能夠及時地辦理各種憑證手續,既符合內部牽制原則,又能加速業務處理速度,提高工作效率。

2. 規定傳遞時間

各單位要根據有關部門和人員辦理經濟業務的情況,恰當地規定憑證在各環節的停留時間和交接時間。

總之,會計憑證的傳遞既要能夠滿足內部控制制度的要求,使傳遞程序合理有效,同時又要盡量節約傳遞時間,減少傳遞的工作量。

五、會計憑證的保管

會計憑證保管是指將辦理完畢的會計憑證進行整理、歸檔和保存的整個工作。會計憑證保管是保證會計資料完整與安全的重要環節。會計憑證的保管內容主要包括:

1. 在平時,應將裝訂成冊的會計憑證交專人負責保管,年終決算後,則須將全年憑證移交檔案室造冊登記,歸檔集中保管。

2. 查閱檔案室保管的憑證,應履行一定的審批手續,詳細登記調閱憑證的名稱、調閱日期、調閱人員的姓名、工作單位及調閱理由等,一般就地查閱。

原始憑證不得外借,其他單位如因特殊原因需要使用原始憑證時,經本單位會計機構負責人、會計主管人員批准,可以複製。向外單位提供的原始憑證複製件,應當在專設的登記簿上登記,並由提供人員和收取人員共同簽名或者蓋章。

3. 會計憑證的保管期限,應按會計制度規定執行。會計憑證的保管期限分為永久和定期保管兩種。除年度會計報表及某些涉外的會計憑證、會計帳簿屬於永久保管,其他屬於定期保管,期限分為 3 年、5 年、10 年、15 年和 25 年五種。

4. 會計憑證保管期滿銷毀時,必須嚴格按制度規定執行,登記造冊,報單位領導審批後,方可銷毀。

【項目總結】

　　本項目主要圍繞會計憑證的填制和審核等內容來展開，會計憑證按照填制程序和用途可以分為原始憑證和記帳憑證兩類。原始憑證按其取得的來源不同，可以分為自製原始憑證和外來原始憑證兩類。自製原始憑證按其填制方法不同，又可分為一次憑證、累計憑證、匯總原始憑證和記帳編制憑證。記帳憑證按其適用的經濟業務，分為專用記帳憑證和通用記帳憑證兩類。專用憑證按其所記錄的經濟業務與現金和銀行存款的收付有無關係，又分為收款憑證、付款憑證和轉帳憑證三種。記帳憑證按其包括的會計科目是否單一，分為復式記帳憑證和單式記帳憑證兩類。記帳憑證按是否經過匯總，可分為匯總記帳憑證和非匯總記帳憑證。

　　正確實行會計憑證的審核、傳遞和保管，對於加強企業管理和會計監督都具有重要意義。

項目五
登記會計帳簿

【學習目標】

- 熟悉會計帳簿的分類
- 熟悉會計帳簿的啟用和登記規則
- 熟悉日記帳、總帳和明細帳的格式和登記方法
- 理解總帳和明細帳的平行登記
- 熟悉各種會計核算組織程序
- 掌握錯帳更正方法
- 掌握結帳程序和方法
- 掌握財產清查方法及財產清查結果的帳務處理

【技能目標】

- 能夠熟練登記現金日記帳和銀行存款日記帳
- 能夠熟練編制科目匯總表
- 能夠熟練登記總分類帳和明細分類帳
- 能夠熟練對帳
- 能夠熟練更正錯帳
- 能夠編寫銀行存款餘額調節表
- 能夠進行結帳

任務一　認識會計帳簿

【任務引入】

　　通過項目四任務的學習和完成，我們能夠熟練操作會計工作過程的第一環節——填制和審核會計憑證，那麼第二環節要幹什麼呢？在瞭解和掌握第二環節之前，我們必須先來認識會計工作過程的第二環節——登記帳簿中要用到的重要工具，即會計帳簿。

　　任務1：熟悉會計帳簿的種類。

　　任務2：熟悉啟用和登記會計帳簿的規則。

【任務分析】

新東方有限責任公司成立後，在其經營過程中，每天的現金和銀行存款發生著怎樣的增減變動？手邊還有多少現金和銀行存款？資產、負債、所有者權益、收入和費用又都在一定時期增加了多少？減少了多少？期末，各類資產、負債、所有者權益還結存多少？

這些是每個會計主體都需要掌握的基本信息。那麼在會計工作中，是通過什麼提供這些信息的呢？也就是全面、連續、分類地提供該公司一定時期的發生的全部業務的會計信息，答案是會計帳簿。

新東方有限責任公司成立後，對籌資、供應、生產和銷售過程中發生的各種經濟業務，在會計工作過程中，首先是通過會計工作過程的第一環節——填制和審核會計憑證，以記帳憑證來反應的，但記帳憑證數量很多，又很分散，僅根據其不能全面、連續、分類地提供該公司一定時期的發生的全部業務的會計信息。而這些又是每個會計主體都需要掌握的信息，所以為了能反應該公司在經營過程中的全部經濟活動，全面地、序時地、分類地掌握該公司一定時期的會計信息，就得進入會計工作過程的第二環節——登記帳簿，其中首先必須設置會計帳簿。

會計實務中，新東方有限責任公司應設置哪些帳簿？啟用和登記帳簿都有哪些規則呢？下面我們就帶著這些問題來認識會計帳簿。

【相關知識】

一般情況下，任何會計主體都必須設置現金帳、銀行帳和總帳三種帳簿。

一、會計帳簿及其種類

（一）會計帳簿

會計帳簿是以會計憑證為依據，由具有專門格式而又相互聯繫的帳頁組成，用以連續、系統、全面地記錄和反應各項經濟業務的簿籍。設置和登記帳簿是會計核算的方法之一。

通過設置和登記帳簿，可以全面、分類、連續地記載和反應各項資產、負債、所有者權益，以及經營資金收支等的變化情況；可以為編制各種會計報表提供系統的會計核算資料；可以為分析和檢查企業經濟活動提供依據。

會計帳簿由封面、扉頁和帳頁三部分組成，其中帳頁是主要部分。

（二）會計帳簿的種類

1. 帳簿按其用途分類

帳簿按用途分類，可以分為序時帳簿、分類帳簿和備查帳簿。

（1）序時帳簿。序時帳簿也稱日記帳，是按照經濟業務發生的時間先後順序，逐日逐筆進行登記的帳簿。

（2）分類帳簿。分類帳簿是對全部經濟業務進行分類登記的帳簿。按其反應內容的詳細程度不同，又分為總分類帳和明細分類帳。

（3）備查帳簿。備查帳簿也稱輔助帳，是對在序時帳和分類帳中未能反應和記錄的事

項進行補充登記的帳簿，主要用來記錄一些供日後查考的有關經濟事項。

2. 帳簿按外表形式分類

帳簿按外表形式分類，可分為訂本帳簿、活頁帳簿和卡片帳簿。

（1）訂本帳。訂本帳是在啟用前進行順序編號並固定裝訂成冊的帳簿。訂本帳一般用於現金日記帳、銀行日記帳和總分類帳等。

（2）活頁帳。活頁帳是把帳頁裝訂在帳夾內，可以隨時增添或取出帳頁的帳簿。這種帳簿主要用於一般的明細分類帳。

（3）卡片帳。卡片帳是由專門格式、分散的卡片作為帳頁組成的帳簿。「固定資產明細帳」一般採用這種形式。

3. 帳簿按其帳頁格式分類

帳簿按其帳頁格式分類，可分為三欄式帳簿、數量金額式帳簿、多欄式帳簿和橫線登記式帳簿等。

（1）三欄式帳簿。三欄式帳簿是指由設置三個金額欄的帳頁組成的帳簿。

（2）數量金額式帳簿。數量金額式帳簿亦稱三大欄式帳簿，是指在三大欄內，又設置有數量、單價、金額等小欄目的帳頁組成的帳簿。

（3）多欄式帳簿。多欄式帳簿是指三個以上金額欄的帳頁所組成的帳簿。

（4）橫線登記式帳簿。橫線登記式帳簿是指利用平行式帳頁，將同一經濟業務的若干內容在同一橫行進行詳細登記的帳簿。

二、會計帳簿的啟用與登記規則

（一）帳簿啟用的規則

啟用帳簿時，應當在帳簿的封面上寫明單位名稱和帳簿名稱。在帳簿扉頁填列「帳簿啟用表」，帳簿啟用後，登記帳簿應由專人負責。

啟用訂本式帳簿應當從第一頁到最後一頁順序編訂頁數，不得跳頁、缺號。使用活頁式帳簿，應當按帳戶順序編號，並須定期裝訂成冊。裝訂後再按實際使用的帳頁順序編定頁碼。另加目錄，記明每個帳戶的名稱和頁次。

（二）帳簿登記的規則

會計人員應當根據審核無誤的會計憑證登記會計帳簿。登記帳簿的基本要求是：

1. 登記會計帳簿時，應當將會計憑證日期、編號、業務內容摘要、金額和其他有關資料逐項記入帳內，做到數字準確、摘要清楚、登記及時、字跡工整。

2. 登記完畢後，要在記帳憑證上簽名或者蓋章，並註明已經登帳的符號，表示已經記帳。

3. 帳簿中書寫的文字和數字上面要留有適當空格，不要寫滿格，一般應占格距的二分之一。

4. 登記帳簿要用藍黑墨水或者碳素墨水書寫，不得使用圓珠筆（銀行的復寫帳簿除外）或者鉛筆書寫。

5. 下列情況，可以採用紅色墨水記帳：
(1) 按照紅字衝帳的記帳憑證，衝銷錯誤記錄；
(2) 在不設置借貸等欄的多欄式帳頁中，登記減少數；
(3) 在三欄式帳戶的餘額欄前，如未印明餘額方向的，在餘額欄內登記負數餘額；
(4) 根據國家統一會計制度的規定可以用紅字登記的其他會計記錄。

6. 各種帳簿按頁次順序連續登記，不得跳行、隔頁。如果發生跳行、隔頁，應當將空行、空頁劃線註銷，或者註明「此行空白」「此頁空白」字樣，並由記帳人員簽名或者蓋章。

7. 凡需要結出餘額的帳戶，結出餘額後，應當在「借或貸」等欄內寫明「借」或者「貸」等字樣。沒有餘額的帳戶，應當在「借或貸」欄內寫「平」字，並在餘額欄內用「0」表示。現金日記帳和銀行存款日記帳必須逐日結出餘額。

8. 每一帳頁登記完畢結轉下頁時，應當結出本頁合計數及餘額，寫在本頁最後一行和下頁第一行有關欄內，並在摘要欄註明「過此頁」和「承前頁」字樣；也可以將本頁合計數及金額只寫在下頁的第一行有關欄內，並在摘要欄註明「承前頁」字樣。對需要結計本月發生額的帳戶，結計「過此頁」的本頁合計數應當為自本月初至本頁末止的發生額合計數；對需要結計本年累計發生額的帳戶，結計「過此頁」的本頁合計數應當為自年初起至本頁末止的累計數；對既不需要結計本月發生額也不需要結計本年累計發生額的帳戶，可以只將每頁末的餘額結轉次頁。

關注：銀行存款日記帳不得用銀行對帳單代替。

強調：過次頁的本頁合計數應為自月初（或年初）至本頁末止的發生額合計數。

知識連結：會計帳簿登記具體規則可參閱《會計基礎工作規範》中第五十六條至第六十四條之規定。

【技能訓練】

訓練目的：1. 掌握記帳規則。
　　　　　　2. 讓學生能夠對籌集資金過程中各項經濟業務進行帳務處理。
訓練要求：1. 能夠處理跳行、轉頁。
訓練資料一：康健食品廠「應收帳款」帳戶的有關資料如下：
(1) 2014 年 1—11 月份借方累計發生額為 165,000 元，貸方累計發生額為 136,512 元。
(2) 2014 年 11 月 30 日借方餘額為 28,488 元。
(3) 2014 年 12 月 1—31 日「應收帳款」帳戶登記情況如下：

總分類帳

會計科目名稱或編號 應收帳款   23

2014年		字	號	摘要	借方 千百十萬千百十元角分	√	貸方 千百十萬千百十元角分	√	借或貸	餘額 千百十萬千百十元角分	√
月	日										
11	15			承前頁	8 7 4 6 3 0 0		2 8 5 4 3 0 0		借	5 8 9 2 0 0 0	
11	23	收	23	收到前欠貨款			3 0 4 3 2 0 0		借	2 8 4 8 8 0 0	
11	30			本月合計	8 7 4 6 3 0 0		5 8 9 7 5 0 0		借	2 8 4 8 8 0 0	
11	30			累計發生額及餘額	1 6 5 0 0 0 0 0		1 3 6 5 1 2 0 0		借	2 8 4 8 8 0 0	
12	1			期初餘額					借	2 8 4 8 8 0 0	
12	5	轉	10	銷售產品，款未收到	5 0 9 5 3 5 0 0						
	9	轉	12	銷售產品，款未收到	3 7 0 0 0 0 0						
	15	收	14	收到前欠貨款			5 0 9 5 3 5 0 0				
	20	收	16	收到前欠貨款			3 7 0 0 0 0 0				

總分類帳

會計科目名稱或編號 應收帳款   24

2014年		字	號	摘要	借方 千百十萬千百十元角分	√	貸方 千百十萬千百十元角分	√	借或貸	餘額 千百十萬千百十元角分	√
月	日										
12	21	收	20	收到前欠貨款			1 0 0 0 0 0 0		借	1 8 4 8 8 0 0	

根據上述資料完成以下任務：

根據記帳規則的要求處理跳行、轉頁。

任務二　登記日記帳

【任務引入】

通過該項目任務一的學習，我們認識了會計帳簿，熟悉了其啟用登記規則，知道了序時帳簿（也叫日記帳）是帳簿中的一種。那麼在會計工作過程的第二環節——登記帳簿中，該如何登記日記帳呢？由誰登？根據什麼登？何時登？這些將是本次任務要解決的。

　　任務1：熟悉日記帳的帳頁格式。

　　任務2：能熟練登記現金帳和銀行帳。

【任務分析】

新東方有限責任公司成立後，在其生產經營過程中，發生了大量的涉及現金和銀行存款增減變動的經濟業務，由於貨幣資金流動性最大，這就要求公司設置的會計帳簿中，必須有一種專門登記涉及貨幣資金增減變動的帳簿，而且必須逐日逐筆詳細地給予反應，以便及時掌握其變化和結存情況，進而加強其管理，這種專用來登記某一類經濟業務的日記帳，就是特種日記帳，一般只設置現金日記帳、銀行存款日記帳，根據需要還可設置其他特種日記帳。

根據有關規定和管理的需要，新東方有限責任公司設置了現金日記帳和銀行存款日記帳兩種特種日記帳，那具體如何登記？由誰登？根據什麼登？何時登？下面我們就帶著這些問題來學習和完成本次任務。

【相關知識】

根據不同需要，企業設置的日記帳有普通日記帳和特種日記帳。

一、普通日記帳的格式和登記方法

（一）普通日記帳的格式

普通日記帳又稱為分錄簿，是將企業所有經濟業務，不論經濟性質全部按其發生的時間順序進行登記。其格式為二欄式，如表 5-1 所示：

表 5-1　　　　　　　　　　　　　普通日記帳

| ××年 || 記帳憑證 || 會計科目及摘要 | 金　額 || 過帳符號 |
月	日	字	號		借方	貸方	
9	10	銀收	9	收回東方公司所欠貨款 銀行存款 應收帳款	50,000	50,000	√ √

（二）普通日記帳的登記方法

普通日記帳登記方法是：由會計人員根據原始憑證，將每天發生的經濟業務轉化為會計分錄，並序時逐筆地登記在普通日記帳上，作為過入分類帳的依據。所以這種日記帳起到了記帳憑證的作用。

由於普通日記帳把全部業務登在一本帳中，所以不便於分工，也不能分類反應各類經濟業務，而且根據其逐筆登記總帳，工作量也大，所以普通日記帳在企業中很少採用。

二、特種日記帳的格式

特種日記帳是專門用來登記某一類經濟業務的日記帳，一般只設置現金日記帳、銀行存款日記帳。根據需要還可設置其他特種日記帳，如購貨日記帳、銷貨日記帳等。

（一）現金日記帳的帳頁格式

現金日記帳是用來逐日逐筆反應庫存現金的收入、付出及結餘情況的特種日記帳，必須採用訂本式帳簿。其帳頁格式一般採用三欄式，其格式見表 5-2，也可採用多欄式，不過很

少用，格式略。

表 5-2　　　　　　　　　　　現金日記帳（三欄式）　　　　　　　　　　單位：元

××年		憑證		摘　　要	對方科目	借方	貸方	借或貸	餘額
月	日	字	號						
3	1			期初餘額				借	6,500
	3	現收	1	收到罰款	營業外收入	900			7,400
	4	現付	1	購辦公品	管理費用		1,500		5,900
	10	銀付	20	提現	銀行存款	500			6,400
	18	現付	2	付違約金	營業外支出		1,200		5,200
	31			本月合計		1,400	2,700	借	5,200

（二）銀行存款日記帳的帳頁格式

銀行存款日記帳是用來逐日反應銀行存款的增減變化和結餘情況的特種日記帳。必須採用訂本式帳簿。其帳頁格式一般採用三欄式，其基本結構與現金日記帳類同。也可採用多欄式，不過很少用。

三欄式日記帳便於反應現金與銀行存款的增減變動情況，利於貨幣資金的管理。

三、現金日記帳的登記方法

現金日記帳的登記：由出納人員根據審核後的現金收款憑證、現金付款憑證和與現金有關的銀行存款付款憑證，逐日逐筆順序登記。借方欄一般根據現金收款憑證登記，貸方欄根據現金付款憑證登記。對於從銀行提取現金的現金收入數額，應根據銀行存款付款憑證登記現金日記帳的借方欄。

每次收付現金後，隨時結出帳面餘額，至少在每日收付款項逐筆登記完畢後，每日結出帳面餘額，做到「日清」，並將現金日記帳的帳面餘額同庫存現金實存額核對相符。

四、銀行存款日記帳的登記方法

銀行存款日記帳的登記：是由出納人員根據審核無誤後的銀行存款收款憑證、銀行存款付款憑證和與銀行存款有關的現金付款憑證，逐日逐筆順序登記。其方法與現金日記帳的登記方法基本相同，即借方欄一般根據銀行存款收款憑證登記，貸方欄根據銀行存款付款憑證登記。對於存現業務引起的銀行存款收入數額，應根據現金付款憑證登記銀行存款日記帳的借方欄。

銀行存款日記帳要定期與銀行存款對帳單進行核對。

【技能訓練】

訓練目的：1. 掌握三欄式現金日記帳、銀行存款日記帳的登記方法。
訓練要求：1. 能根據審核無誤的收付憑證，登記現金和銀行存款日記帳。
訓練資料一：1. 康健食品廠 2014 年 3 月下旬發生的經濟業務見項目四中任務三下的訓練資料一；

1. 該企業 3 月 20 日日記帳餘額見下表：

現 金 日 記 帳

2014 年		憑證號	摘 要	對應科目	借 方	貸 方	餘 額
月	日						
3	20		承前頁		156,000	169,340	1,469

銀 行 存 款 日 記 帳

2014 年		憑證號	摘 要	對應科目	借 方	貸 方	餘 額
月	日						
3	20		承前頁		1,732,000	1,989,000	182,400

根據上述資料完成以下任務：

根據上述資料所填制的、經審核無誤的收付憑證，以出納人員的身分逐日逐筆順序登記現金和銀行存款日記帳，並逐筆結出餘額。（注意：先將上述資料所給資料轉抄在現金日記帳、銀行存款日記帳頁上）。

訓練資料二：1. 康健食品廠 2007 年 4 月發生的經濟業務見項目四中任務三下的訓練資料二；

2. 該企業 2014 年 4 月 1 日現金日記帳借方餘額是 200 元，銀行存款日記帳借方餘額是 500,000 元。

根據上述資料完成以下任務：

根據上述資料所填制的、經審核無誤的收付憑證，以出納人員的身分逐日逐筆順序登記現金和銀行存款日記帳，並逐筆結出餘額。（注意：先將上述資料所給資料轉抄在現金日記帳、銀行存款日記帳頁上。）

任務三　登記總分類帳和明細分類帳

【任務引入】

通過前面的學習，我們能夠進行現金帳和銀行帳的登記了，又知道分類帳簿也是帳簿中的重要一種，是每個會計主體都要設置的一類帳簿。那麼在會計工作過程的第二環節——登記帳簿中，又該如何登記分類帳呢？由誰登？根據什麼登？何時登？這些將是本次任務要解決的。

任務1：熟悉明細分類帳和總分類帳的帳頁格式。

任務2：熟悉會計核算組織程序。
任務3：理解總帳與明細帳的平行登記。
任務4：能夠熟練登記幾種明細帳。
任務5：能夠熟練編制科目匯總表並登記總帳。

【任務分析】

新東方有限責任公司成立後，對其生產經營過程中發生的各種經濟業務，該公司除了設置現金帳和銀行帳以及時詳細掌握貨幣資金的增減變動和結存外，還需要全面、分類地掌握該公司一定時期發生的全部經濟業務的會計信息，即各類會計要素的增減變動和結存情況；同時根據管理需要，還需要詳細、分類地掌握該公司一定時期發生的某類經濟業務的會計信息，如債權債務、費用等增減變動和結存情況的詳細資料，這就需要設置一種登記各類經濟業務的帳簿，而這種對經濟業務進行分類登記的帳簿，就是分類帳簿，根據其反應信息的詳細程度，分類帳簿分為總分類帳和明細分類帳，簡稱總帳和明細帳。一般情況下，任何會計主體都必須設置總分類帳，明細分類帳根據需要自行設置。

根據有關規定和管理的需要，新東方有限責任公司設置了總帳和有關往來款項、庫存物資和費用類幾種明細帳，這些明細帳和總帳各自應如何登記？由誰登？根據什麼登？何時登？下面我們就帶著這些問題來學習和完成本次任務。

【相關知識】

根據不同需要，企業設置的分類帳簿有總分類帳和明細分類帳。

一、明細分類帳的格式

明細分類帳簡稱明細帳，是根據明細科目設置的，用來記錄某一類經濟業務明細核算資料的分類帳。明細分類帳一般採用活頁式帳簿，也有的採用卡片式帳簿，如固定資產明細帳。明細分類帳的格式常用的主要有以下三種：

（一）三欄式明細分類帳

只設借、貸、餘三個金額欄，適用於那些只需進行金額核算的業務，如應收帳款、應付帳款等。其格式見表5-3。

表5-3　　　　　　　　　　　　　明細分類帳

會計科目：應收帳款
明細科目：光明公司　　　　　　　　　　　　　　　　　　　　　　　　單位：元

××年		憑證		摘要	對方科目	借方	貸方	借或貸	餘額
月	日	字	號						
3	1			期初餘額				借	100,000
	3	轉	5	貨款未收到	主營業務收入	80,000			
	4	銀收	9	收回貨款	銀行存款		150,000		
	10	轉	7	貨款未收到	主營業務收入	60,000			
	18	銀收	12	收回貨款			40,000		
	31			本月合計		140,000	190,000	借	50,000

（二）數量金額式明細分類帳

在設置的收入、發出、結存三大類下，分別設置數量、單價、金額三小欄。適用於既要進行金額核算，又要進行實物數量核算的財產物資，如原材料、庫存商品等。其格式見表 5-4。

表 5-4　　　　　　　　　　　　　　　明細分類帳

會計科目：原材料　　　　　　　　　　　　　　　　　　　計量單位：噸
明細科目：甲材料　　　　　　　　　　　　　　　　　　　金額單位：元

××年		憑證		摘要	對方科目	借方			貸方			借或貸	餘額		
月	日	字	號			數量	單價	金額	數量	單價	金額		數量	單價	金額

（三）多欄式明細分類帳

指根據經濟業務的特點和經營管理的需要，在一張帳頁內按有關明細項目設若干專欄，以便在同一張帳頁上集中反應各有關明細項目的詳細資料。適用於收入、費用、成本、等帳戶的明細分類核算。其格式見表 5-5。

表 5-5　　　　　　　　　　　　　　　明細分類帳

會計科目：管理費用　　　　　　　　　　　　　　　　　　金額單位：元

××年		憑證		摘要	對方科目	借　　方					
月	日	字	號								

二、登記明細分類帳的方法

會計主體結合自身業務量大小、會計人員配備情況及管理需要，可以選用以下三種登記明細分類帳的方法：

1. 由會計人員根據原始憑證直接登記明細帳。
2. 由會計人員根據記帳憑證直接登記明細帳。
3. 由會計人員根據匯總原始憑證登記明細帳。

明細帳的登記，可以是逐日逐筆登記，也可以是定期匯總登記。不論採用哪種方法，什麼時間登記，各種明細分類帳在每次登記完畢後，都應結算出餘額。

三、總分類帳的格式

總分類帳簡稱總帳，是根據總分類科目開設，用以記錄全部經濟業務總括核算資料的分類帳簿。每一個企業必須設置總分類帳簿。

總分類帳一般採用借方、貸方、餘額三欄式的訂本帳。其格式見表 5-6。

表 5-6　　　　　　　　　　　　　　總分類帳

會計科目名稱或編號：原材料　　　　　　　　　　　　　　　　　　　　單位：元

××年		憑證		摘　　要	對方科目	借方	貸方	借或貸	餘額
月	日	字	號						
3	1			期初餘額				借	650,000
	3	轉	5	甲材料入庫	應付帳款	90,000			
	4	轉	7	生產 A 產品領料	生產成本		150,000		
	10	銀付	20	乙材料入庫	銀行存款	50,000			
	18	轉	9	生產 B 產品用	生產成本		120,000		
	31			本月合計		140,000	270,000	借	520,000

四、登記總分類帳的方法

（一）總帳的登記方法

會計主體由於選擇的會計核算組織程序不同，登記總分類帳的常用方法主要有以下三種：

1. 由會計人員根據記帳憑證直接登記總帳。
2. 由會計人員根據科目匯總表登記總帳。
3. 由會計人員根據匯總記帳憑證登記總帳。

總帳的登記，根據業務量大小，可以是定期登記，也可以是月底一次登記。不論採用哪種方法，什麼時間登記，各種總分類帳在每月末全部登記完畢後，都應結算出發生額和餘額。

（二）會計核算組織程序

會計核算組織程序，是指將各種會計核算方法和記帳程序有機結合的方式。根據登記會總分類帳的依據不同，形成了以下 5 種會計核算組織程序：記帳憑證會計核算組織程序；科目匯總表會計核算組織程序；匯總記帳憑證會計核算組織程序；多欄式日記帳會計核算組織程序；日記總帳會計核算組織程序。下面介紹前三種的內容和特點，後兩種在實際中很少用，不予介紹。

1. 記帳憑證會計核算組織程序

記帳憑證會計核算組織程序，是指直接根據記帳憑證逐筆登記總分類帳。是最基本的會計核算形式，其他會計核算組織程序都是在此基礎上發展演變而形成的。

在記帳憑證會計核算組織程序下，記帳憑證可以採用通用格式，也可以採用專用格式（即收款憑證、付款憑證和轉帳憑證）；設置的現金（銀行存款）日記帳一般採用三欄式；總分類帳採用三欄式，並按每一總分類科目開設帳頁；明細分類帳則可根據管理需要，分別採用三欄式、數量金額欄式或者多欄式。

（1）記帳憑證會計核算組織程序的基本程序

第一，根據原始憑證或匯總原始憑證編制各種記帳憑證（包括收款憑證、付款憑證和

轉帳憑證）。

第二，根據收款憑證和付款憑證，逐日逐筆登記現金（銀行存款）日記帳。

第三，根據原始憑證或匯總原始憑證、記帳憑證，登記各種明細分類帳。

第四，根據記帳憑證，逐筆登記總分類帳。

第五，月末，將現金（銀行存款）日記帳的餘額、明細分類帳的餘額分別與總分類帳中的相關帳戶的餘額相核對。

第六，月末，根據審核無誤的總分類帳和明細分類帳的記錄，編制會計報表。

（2）記帳憑證會計核算形式的優缺點

記帳憑證會計核算形式的優點是：手續簡便，易於理解，總分類帳比較詳細地反應了經濟業務情況，來龍去脈清楚，便於瞭解經濟業務的動態和核對帳目。缺點是：由於總分類帳是直接根據記帳憑證逐筆登記，如果企業規模大，經濟業務繁多，就會使得記帳憑證過多，從而加大登記總分類帳的工作量。因而這種會計核算形式一般適應於規模小、業務量少、記帳憑證不多的企業。

2. 科目匯總表會計核算組織程序

科目匯總表會計核算組織程序（又稱記帳憑證匯總表會計核算組織程序），是指定期將所有記帳憑證進行匯總，編制科目匯總表，再根據科目匯總表登記總分類帳。

在科目匯總表會計核算組織程序下，記帳憑證可以採用通用格式，也可以採用專用格式（即收款憑證、付款憑證和轉帳憑證）；還應設置科目匯總表，作為登記總分類帳的依據。設置的現金（銀行存款）日記帳一般採用三欄式；總分類帳採用三欄式，並按每一總分類科目開設帳頁；明細分類帳則可根據管理需要，分別採用三欄式、數量金額欄式或者多欄式。

（1）科目匯總表的編制方法

科目匯總表的編制，是根據一定時期內的全部記帳憑證，按照相同會計科目進行歸類編制的。匯總時，分別計算出每一總帳科目的借方發生額的合計數與貸方發生額的合計數，填寫在科目匯總表的相關欄內即可。由於借貸記帳法的記帳規則是「有借必有貸，借貸必相等」，所以在編制的科目匯總表中，全部總帳科目的借方發生額的合計數必定等於其貸方發生額的合計數。

科目匯總表的編制時間，是根據企業經濟業務量的多少來確定，可以每月匯總一次，也可以每旬匯總一次。科目匯總表可以每匯總一次編制一張，也可以每月編制一張。其格式見表 5-7。

表 5-7　　　　　　　　　　　　科目匯總表　　　　　　　　　　　　單位：元

2014 年 3 月　　　　　　　　　　　字第　　號

會計科目	1 日—10 日		11 號—20 號		21 日—30 日		合計		總帳頁數
	借方	貸方	借方	貸方	借方	貸方	借方	貸方	
合計									

會計主管　　　　　記帳　　　　　審核　　　　　製表

（2）科目匯總表會計核算組織程序的基本程序

第一，根據原始憑證或匯總原始憑證，編制各種記帳憑證（包括收款憑證、付款憑證和轉帳憑證）。

第二，根據收款憑證和付款憑證，逐日逐筆登記現金（銀行存款）日記帳。

第三，根據原始憑證或匯總原始憑證、記帳憑證，登記各種明細分類帳。

第四，根據一定時期內的全部記帳憑證，定期匯總編制科目匯總表。

第五，根據定期編制的科目匯總表，登記總分類帳。

第六，月末，將現金（銀行存款）日記帳的餘額、明細分類帳的餘額分別與總分類帳中的相關帳戶的餘額相核對。

第七，月末，根據審核無誤的總分類帳和明細分類帳的記錄，編制會計報表。

（3）科目匯總表會計核算組織程序的優缺點

科目匯總表會計核算形式的優點是：由於總分類帳的登記日期是根據科目匯總表的編制時間而定，採用了匯總登記總分類帳的方法，故大大減少了登記總分類帳的工作量；並且編制科目匯總表的方法簡便易學，還能起到試算平衡的作用。缺點是：在科目匯總表和總分類帳中，不能反應各科目之間的對應關係，不便於分析和檢查經濟業務的來龍去脈和核對帳目。因此，這種會計核算形式一般適用於經濟業務量大、記帳憑證較多的企業，尤其是業務較多的中小型企業。

3. 匯總記帳憑證會計核算組織程序

匯總記帳憑證會計核算組織程序，是指先定期將全部的記帳憑證按收、付款憑證和轉帳憑證分別歸類編制匯總記帳憑證，再根據各種匯總記帳憑證登記總分類帳。

在匯總記帳憑證會計核算形式下，除設置收款憑證、付款憑證和轉帳憑證外，還應設置匯總收款憑證、匯總付款憑證和匯總轉帳憑證，作為登記總分類帳的依據。設置的現金（銀行存款）日記帳採用三欄式；總分類帳，按每一總帳科目設置帳頁，採用三欄式；各種明細分類帳，根據需要可採用三欄式、多欄式和數量金額欄式。

（1）匯總記帳憑證的編制方法

匯總記帳憑證分為匯總收款憑證、匯總付款憑證和匯總轉帳憑證三種，現分別介紹如下：

A. 匯總收款憑證的編制方法

匯總收款憑證的編制，是根據一定時期的全部收款憑證，按月匯總編制而成。匯總收款憑證也是按現金或銀行存款科目的借方分別設置，並根據收款憑證按貸方科目歸類定期匯總填列，每月編制一張。月末，計算出匯總憑證中各行的合計數，並據以登記總分類帳。其格式和內容見表5-8。

表5-8　　　　　　　　　　　匯總收款憑證　　　　　　　　　　　單位：元

借方科目：庫存現金　　　　　　　2014年6月份　　　　　　　　匯收第　號

貸方科目	金額			合計	總帳頁數	
	1日—10日 憑證第×號—第×號	11號—20號 憑證第×號—第×號	21日—30日 憑證第×號—第×號		借方	貸方
合計						

B. 匯總付款憑證的編制方法

匯總付款憑證的編制，是根據一定時期的全部付款憑證，按月匯總編制而成。匯總付款憑證也是按現金或銀行存款科目的貸方分別設置，並根據付款憑證按借方科目歸類定期匯總填列，每月編制一張。月末，計算出匯總憑證中各行的合計數，並據以登記總分類帳。其格式和內容見表 5-9。

表 5-9　　　　　　　　　　　　　　匯總付款憑證　　　　　　　　　　　　單位：元

貸方科目：銀行存款　　　　　　　　2014 年 6 月份　　　　　　　　　匯付第　　號

借方科目	金　額			合計	總帳頁數	
	1 日—10 日 憑證第×號—第×號	11 號—20 號 憑證第×號—第×號	21 日—30 日 憑證第×號—第×號		借方	貸方
合計						

C. 匯總轉帳憑證的編制方法

匯總轉帳憑證的編制，是根據一定時期的全部轉帳憑證，按月匯總編制而成。匯總所有轉帳憑證一律按轉帳憑證中的貸方科目分別設置，並根據相對應的借方科目歸類定期匯總填列，每月編制一張。月末，計算出匯總憑證中各行的合計數，並據以登記總分類帳。其格式和內容見表 5-10。

表 5-10　　　　　　　　　　　　　匯總轉帳憑證　　　　　　　　　　　　單位：元

貸方科目：原材料　　　　　　　　　2014 年 6 月份　　　　　　　　　匯轉第　　號

借方科目	金　額			合計	總帳頁數	
	1 日—10 日 憑證第×號—第×號	11 號—20 號 憑證第×號—第×號	21 日—30 日 憑證第×號—第×號		借方	貸方
合計						

由於匯總轉帳憑證上的科目對應關係是，一個貸方科目與一個或幾個借方科目相對應，因此，在匯總記帳憑證會計核算形式下，為了便於編制匯總轉帳憑證，平時填制的轉帳憑證中的科目對應關係，也應該是一個貸方科目與一個或幾個借方科目相對應，而不應填制幾個貸方科目與一個或幾個借方科目相對應的轉帳憑證。也就是可以填制一借一貸和多借一貸的轉帳憑證，而不應填制一借多貸和多借多貸的轉帳憑證。

(2) 匯總記帳憑證會計核算組織程序的基本程序

第一，根據原始憑證或匯總原始憑證，編制各種記帳憑證（包括收款憑證、付款憑證和轉帳憑證）。

第二，根據收款憑證和付款憑證，逐日逐筆登記現金（銀行存款）日記帳。

第三，根據原始憑證或匯總原始憑證、記帳憑證，登記各種明細分類帳。

第四，根據一定時期內的全部記帳憑證，定期編制匯總收款憑證、匯總付款憑證和匯總轉帳憑證。

第五，根據定期編制的匯總收款憑證、匯總付款憑證和匯總轉帳憑證，登記總分類帳。

第六，月末，將現金（銀行存款）日記帳的餘額、明細分類帳的餘額分別與總分類帳中的相關帳戶的餘額相核對。

第七，月末，根據審核無誤的總分類帳和明細分類帳的記錄，編制會計報表。

(3) 匯總記帳憑證會計核算組織程序的優缺點

匯總記帳憑證會計核算形式的優點是：由於匯總記帳憑證是根據一定時期內全部記帳憑證，按照科目對應關係進行歸類、匯總編制而成，因而在登記總分類帳時也保持了科目之間的對應關係，這樣可以清楚地反應經濟業務的來龍去脈，便於進行會計分析和檢查，這就彌補了科目匯總表會計核算形式的不足。缺點是：匯總轉帳憑證是按每一貸方科目，而不是按經濟業務的性質歸類匯總，因而不利於會計核算工作的分工；雖然登記總分類帳的工作量得到了簡化，但編制匯總記帳憑證的工作量也比較大。因此，這種會計核算形式一般適用於規模大、經濟業務較多的企業，尤其是業務量大的大中型企業。

五、總帳與明細帳的平行登記

(一) 總帳與明細帳平行登記的含義

平行登記指對發生的每項經濟業務，既要在總帳中進行總括登記，又要在明細帳中進行詳細登記。

(二) 總帳與明細帳平行登記的要點

1. 同時登記。對於發生的經濟業務，一方面記入有關的總分類帳戶，另一方面記入同期總分類帳戶所屬的明細分類帳戶。

2. 方向一致。登記總分類帳戶及其所屬的明細分類帳戶的方向應當相同。

3. 金額相等。記入總分類帳戶的金額與記入其所屬的各明細分類帳戶的金額相等。

【例5-1】總帳與明細帳平行登記舉例：

新東方有限責任公司 3 月 1 日「原材料」總帳餘額為 25,000 元，其中，甲材料 10,000元，乙材料 15,000 元；「應付帳款」總帳餘額 5,500 元，其中，應付 A 公司 2,500 元，B 公司 3,000 元。

3 月份發生下列有關業務：

(1) 3 月 2 日，生產車間從倉庫領用甲材料 9,000 元，乙材料 7,500 元，用於 M 產品的生產。編制會計分錄如下：

借：生產成本——M 產品　　　　　　　　　　　　　　　　　　16,500
　　貸：原材料——甲材料　　　　　　　　　　　　　　　　　　9,000
　　　　　　——乙材料　　　　　　　　　　　　　　　　　　　7,500

(2) 3 月 8 日，從 A 公司購進甲材料 5,500 元，材料入庫，貨款未付。

借：原材料——甲材料　　　　　　　　　　　　　　　　　　　5,500
　　貸：應付帳款——A 公司　　　　　　　　　　　　　　　　5,500

(3) 3 月 12 日，從 B 公司購進甲材料 10,000 元，乙材料 3,900 元。材料均已入庫，貨款未付。

借：原材料——甲材料　　　　　　　　　　　　　　　　　　　10,000
　　　　——乙材料　　　　　　　　　　　　　　　　　　　　3,900
　　貸：應付帳款——B 公司　　　　　　　　　　　　　　　　13,900

(4) 3月15日，以銀行存款償還 A 公司貨款 8,000 元，B 公司貨款 15,000 元。
借：應付帳款——A 公司　　　　　　　　　　　　　　　　8,000
　　　　　　——B 公司　　　　　　　　　　　　　　　　15,000
　貸：銀行存款　　　　　　　　　　　　　　　　　　　　23,000
將上述業務登記到 T 形帳戶如下：

借方	原材料		貸方
期初餘額：	25,000		
本期增加：②	5,500	本期減少：①	16,500
③	13,900		
期末餘額：	27,900		

借方	應付帳款		貸方
		期初餘額：	5,500
本期減少：④	23,000	本期增加：②	5,500
		③	13,900
		期末餘額：	1,900

借方	原材料——甲材料		貸方
期初餘額：	10,000		
本期增加：②	5,500	本期減少：①	9,000
③	10,000		
期末餘額：	16,500		

借方	原材料——乙材料		貸方
期初餘額：	15,000		
本期增加：③	3,900	本期減少：①	7,500
期末餘額：	11,400		

借方	應付帳款——A 公司		貸方
		期初餘額：	2,500
本期減少：④	8,000	本期增加：②	5,500
		期末餘額：	0

借方	應付帳款——B公司	貸方
本期減少：④ 15,000	期初餘額： 3,000 本期增加：② 13,900	
	期末餘額： 1,900	

（三）平行登記的結果表明

1. 總分類帳戶期初餘額等於所屬明細分類帳戶期初餘額之和；
2. 總分類帳戶本期借方發生額等於所屬明細分類帳戶借方發生額之和；
3. 總分類帳戶本期貸方發生額等於所屬明細分類帳戶貸方發生額之和；
4. 總分類帳戶期末餘額等於所屬明細分類帳戶期末餘額之和。

會計實務中，根據總分類帳戶和明細分類帳戶有關數字必然相等的關係，可以編制明細帳本期發生額和餘額明細表與總帳進行相互核對，來檢查帳簿登記是否正確、完整。

如上例，應付帳款明細帳本期發生額和餘額明細表，一般格式和內容見表5-11。原材料明細帳本期發生額和餘額明細表略。

表5-11　　　　　應付帳款明細帳本期發生額和餘額明細表　　　　　單位：元

明細科目	月初餘額		本期發生額		月末餘額	
	借方	貸方	借方	貸方	借方	貸方
A公司		2,500	8,000	5,500		0
B公司		3,000	15,000	13,900		1,900
合計		5,500	23,000	19,400		1,900

【技能訓練】

訓練目的：1. 掌握三欄式、數量金額式明細帳的登記方法；
　　　　　2. 掌握根據記帳憑證登記總帳、根據科目匯總表登記總帳的方法；
　　　　　3. 熟悉總帳與明細帳的平行關係及其核對方法；
　　　　　4. 明確記帳憑證核算程序與科目匯總表核算程序的區別；掌握科目匯總表的編制方法以及據此登記總帳的方法。

訓練要求：1. 能夠根據所給資料登記三欄式、數量金額式明細帳；
　　　　　2. 能夠根據記帳憑證登記總帳；
　　　　　3. 能夠進行總帳與明細帳的核對；
　　　　　4. 能夠編制科目匯總表及據此登記總帳。

訓練資料一：1. 康健食品廠2014年4月1日應付帳款帳戶的餘額如下：
　　　　　　應付帳款：23,600元（其中華星糖酒公司15,000元，大同麵粉廠8,600元）。
　　　　　2. 康健食品廠2014年4月份相關的記帳憑證如下：
　　　　　（1）4月2日，購料。

轉 帳 憑 證

2014 年 4 月 2 日

會字第____號
轉字第 1 號第____頁

摘 要	借方 科目	借方 明細科目	√	貸方 科目	貸方 明細科目	√	金額 億千百十萬千百十元角分
購料	原材料	白砂糖料		應付帳款	華星糖酒公司		1 2 9 0 0 0 0
	應交稅費	應交增值稅		應付帳款	華星糖酒公司		2 1 9 3 0 0
合 計							¥ 1 5 0 9 3 0 0

會計主管 段小安　　記帳　　　出納　　　復核 馬玲　　製單 馬玲

(2) 4 月 10 日,償付前欠貨款。

付 款 憑 證

貸方科目: 銀行存款　　2014 年 4 月 10 日　　　　銀付 字第 1 號

摘 要	借方總帳科目	明細科目	√	金額 億千百十萬千百十元角分
償付前欠貨款	應付帳款	大同麵粉廠		8 6 0 0 0 0
合 計				¥ 8 6 0 0 0 0

會計主管　　　記帳　　　審核　　出納 陳靜　　製單 王一平

(3) 4 月 15 日,購料。

轉 帳 憑 證

2014 年 4 月 15 日

會字第____號
轉字第 2 號第____頁

摘 要	借方 科目	借方 明細科目	√	貸方 科目	貸方 明細科目	√	金額 億千百十萬千百十元角分
購料	原材料	麵粉		應付帳款	大同麵粉廠		1 5 0 5 0 0 0
	應交稅費	應交增值稅(進)		應付帳款	大同麵粉廠		2 5 5 8 5 0
合 計							¥ 1 7 6 0 8 5 0

會計主管 段小安　　記帳　　　出納　　　復核 馬玲　　製單 馬玲

(4) 4月23日償付欠款。

付 款 憑 證

貸方科目：<u>銀行存款</u>　　　2014 年 4 月 23 日　　　　　　　　　<u>銀付</u>字第 <u>2</u> 號

摘　要	借方總帳科目	明　細　科　目	√	金額 億 千 百 十 萬 千 百 十 元 角 分
償貨款	應付帳款	華星糖酒公司		1 2 0 0 0 0 0
	合　　　計			¥　　1 2 0 0 0 0 0

會計主管 <u>段小安</u>　記帳　　　　審核　　　　出納 <u>陳靜</u>　　　復核 <u>馬玲</u>　　　製單 <u>馬玲</u>

根據上述資料完成以下任務：
(1) 根據所給記帳憑證，先登記應付帳款明細帳，然後登記總帳；
(2) 在帳簿上計算出發生額及餘額；
(3) 填制應付帳款明細分類帳戶本期發生額及餘額表。進行總帳與明細帳的核對。

應付帳款明細分類帳戶本期發生額及餘額表

明細分類帳戶	期初餘額 借方	期初餘額 貸方	本期發生額 借方	本期發生額 貸方	期末餘額 借方	期末餘額 貸方
華星糖酒公司						
大同麵粉廠						
合計						

訓練資料二：1. 康健食品廠 2014 年 4 月份發生的經濟業務見項目四中任務三下的資料二。

2. 康健食品廠 2014 年 4 月 1 日原材料總帳帳戶借方餘額是 1,000 元，其明細帳餘額如下：

明 細 分 類 帳 戶 餘 額 表

總帳帳戶	明細帳戶	數　量	單價	金　額 借　方	金　額 貸　方
原材料	白砂糖 麵粉	200（千克） 3,000（千克）	5.00 3.00	1,000 9,000	

根據上述資料完成以下任務：
(1) 根據上述資料 1 所填制的記帳憑證，先登記原材料明細帳，然後登記總帳；
(2) 在帳簿上計算出發生額及餘額；
(3) 填制原材料明細分類帳戶本期發生額及餘額表，進行總帳與明細帳的核對。

原材料明細分類帳戶本期發生額及餘額表

明細分類帳戶	期初餘額		本期發生額		期末餘額	
	借方	貸方	借方	貸方	借方	貸方
白砂糖						
麵粉						
合計						

訓練資料三：1. 康健食品廠2014年4月份發生的經濟業務見項目四中任務三下的資料二；
2. 該企業2014年4月1日有關總帳帳戶餘額如下：

總分類帳戶餘額表

總帳帳戶	借方餘額	總帳帳戶	貸方餘額
庫存現金	200	短期借款	200,000
銀行存款	500,000	應付帳款	3,000
應收帳款	5,000	應交稅費	4,000
原材料	10,000	實收資本	400,000
庫存商品	3,000	利潤分配	53,000
固定資產	181,800	累計折舊	40,000
合計	700,000	合計	700,000

根據上述資料完成以下任務：
(1) 設置總分類帳並登記月初餘額；
(2) 據上述資料1所填制的、並審核無誤的記帳憑證編制4月份科目匯總表；
(3) 據4月份科目匯總表登記總分類帳，並進行結帳。

任務四　對帳

【任務引入】

通過前面的學習，我們掌握了日記帳、總帳和明細帳的登記方法，並能夠熟練登記各種帳簿。那麼帳登完後，會計帳簿提供的信息一定是準確的、真實的嗎？所以為了保證會計帳簿提供準確的、真實的信息，在登帳後，結帳前必須進行對帳，對帳應進行哪些方面的核對？怎麼進行對帳？這些將是本次任務要解決的。

任務1：熟悉對帳的內容和方法。
任務2：掌握帳實核對中，各類財產清查結果的帳務處理。
任務3：能進行對帳。
任務4：能編制銀行存款餘額調節表。

【任務分析】

新東方有限責任公司成立後，根據有關規定和管理的需要，設置了現金帳和銀行帳兩種特種日記帳，設置了總帳，設置了往來款項、庫存物資和費用類登明細帳，出納員和相關記帳員也登完了一定會計期間的上述幾類帳簿。但在登帳過程中，由於漏登或重登或登錯了某筆經濟業務等，都會導致帳信息的不準確，即使記帳員登得很正確，也不能保證帳簿信息就一定是真實的，所以，為了能給即將進入的會計工作過程第三環節——編制報表提供準確、真實的會計資料，期末，在帳登完後，結帳之前，必須進行對帳。

期末，新東方有限責任公司要對帳了，那麼對帳都包括幾方面內容的核對？各自具體核對的方法有哪些？下面我們就帶著這些問題來學習和完成本次任務。

【相關知識】

對帳包括帳證、帳帳和帳實三方面的核對，各自的核對方法不同。

一、對帳的內容

對帳，是指會計核算中，對帳簿記錄所進行的核對工作。在記帳之後，結帳之前，必須做好對帳工作，以保證帳簿記錄的會計資料的正確性和真實性。內容包括以下三個方面：

1. 帳證核對，是指各種帳簿的記錄與有關會計憑證的核對。
2. 帳帳核對，是指各種帳簿之間的有關核算指標的核對。主要包括：

（1）總分類帳各帳戶借方餘額合計數與貸方期末餘額合計數應核對相符；

（2）總分類帳現金帳戶和銀行存款帳戶的期末餘額分別與現金日記帳和銀行存款日記帳的期末餘額應核對相符；

（3）總分類帳各帳戶的期末餘額與其所屬的各明細分類帳戶的期末餘額之和應核對相符；

（4）會計部門的各種財產物資明細分類帳期末餘額與財產物資保管和使用部門的有關財產物資明細分類帳餘額核對相符。

3. 帳實核對，是指各種財產物資的帳面餘額與實存數額進行核對。其主要內容有：

（1）現金日記帳的帳面餘額，應每日與現金實際庫存數額相核對；

（2）銀行存款日記帳的帳面餘額與開戶銀行帳目相核對，每月至少核對一次；

（3）各種財產物資明細分類帳的帳面餘額，與財產物資的實存數額相核對；

（4）各種應收、應付款項的明細帳的帳面餘額與有關債務、債權單位相核對。

二、對帳的方法

會計實務中，對帳的方法依核對內容的不同而不同，具體如下：

1. 帳證核對，主要是在日常填制記帳憑證和記帳過程中進行的。
2. 帳帳核對的方法，有以下幾種：

（1）總分類帳之間的核對，是採用編制試算平衡表的方法進行的；

（2）總分類帳帳與各明細分類帳的核對，是採用編制明細分類帳本期發生額與餘額明細表的方法進行的；

3. 帳實核對的方法，一般是通過財產清查進行的。

三、財產清查

（一）財產清查及其種類

財產清查就是指通過對貨幣資金、實物資產和往來款項的盤點或核對，確定其實存數，查明帳存數與實存數是否相符的一種專門方法。通過財產清查，可以保證帳實相符，提高會計資料的真實準確性；可以改善管理，切實保障各項財產物資的安全完整；可以加速資金週轉，提高資金使用效率。

財產清查的種類主要有：

1. 按財產清查的範圍分為全面清查和局部清查

（1）全面清查：指對企業所有的財產和結算往來進行全面的盤點和查詢。

全面清查的情況：應在每一會計年度終了時才進行全面清查；或在企業撤銷、合併、遷移、改變隸屬關係、企業改制、開展清產核資、中外合資、國內聯營；或在企業主要負責人調離等特殊情況下，也需要進行全面清查。

（2）局部清查：指根據管理工作的需要，對部分財產物資和結算往來所進行的清查。如對於流動性較強或重要的財產物資及應收債權，除年度全面清查外，還應有計劃地輪流重點抽查，及時解決發現的問題。

2. 按照財產清查的時間分為定期清查和不定期清查

（1）定期清查：指在各個會計期末對財產物資進行的清查。這種清查可以是全面清查，也可以是局部清查。

（2）不定期清查：指根據實際需要而進行的臨時清查。其一般是局部清查，如更換財產物資和現金的保管責任人對其保管的財產物資所進行的清查；發生非常災害和意外損失時對受災損失的財產所進行的清查等。

（二）財產清查的方法

1. 實物資產清查的方法

（1）確定實物資產帳面結存數的方法

第一種，永續盤存制

永續盤存制亦稱帳面盤存制。其基本做法是，平時對各項財產物資的增加數和減少數，都要根據會計憑證連續記入有關帳簿，並且隨時結出帳面餘額：

帳面期末餘額＝帳面期初餘額＋本期增加額－本期減少額

優點：有利於加強對各項財產物資的動態管理。

缺點：核算工作量較大。

採用永續盤存制度，在不同原因的影響下，企業定期在對各項財產物資進行實地盤點並與帳簿記錄核對時，可能產生帳實不符的情況。

第二種，實地盤存制

同永續盤存制相對的是實地盤存制，亦稱定期盤存制。其基本做法是，平時只根據會計憑證在帳簿中登記各項財產物資的增加數，不登記減少數。期末再對各項財產物資進行盤點，然後根據實地盤點所確定的實存數，倒擠出本期各項財產物資的減少數，即：

本期減少數＝帳面期初數＋本期增加數－期末實際結存數

每期期末,對各項財產物資進行實地盤點的結果,是計算和確定本期財產物資減少數的依據。

優點:核算簡單且工作量較小。

缺點:不便於實行會計監督,不能及時提供各項財產物資的平時動態管理資料,所以非特殊原因,一般情況不宜採用。

(2) 實物資產清查的方法

實物資產的清查方法應採用實地盤點。一般有實地清查盤點和實地技術推算法兩種方法。

第一種,實地盤點法:該方法是指在財產物資存放現場進行逐一清點數量或用計量儀器確定實存數的一種方法。

由於該方法清查工作量大,尤其是對於不同企業的大量存貨財產,應事先按其實物形態進行科學的碼放,以有助於提高清查的速度。

第二種,技術推算法:該方法是指利用技術方法推算財產物資實存數的方法。尤其適用於大量成堆,難以逐一清點的財產物實地盤點法。

技術推算法

2. 貨幣資金清查的方法

(1) 庫存現金的清查

庫存現金的清查採用實地盤點的方法。清查時,出納員必須在場,不能用白條抵庫,也就是不能用不具有法律效力的借條、收據等抵充庫存現金。

「庫存現金盤點報告表」作為現金清查的重要原始憑證,既起盤存單的作用,又起實存帳存對比表的作用。庫存現金盤點報告表應由盤點人和出納員共同簽章方能生效。現金盤點報告表的一般格式見表 5-12。

表 5-12　　　　　　　　　　庫存現金盤點報告表

單位名稱:　　　　　　　　　　年　月　日

實存金額	帳存金額	實存與帳存對比		備註
		盤盈	盤虧	

盤點人簽章　　　　　　　　　　　　　　　　　　　　出納員簽章

(2) 銀行存款的清查

銀行存款的清查,採用與開戶銀行核對帳目的方法。即將開戶銀行定期轉來的銀行存款對帳單與本單位的銀行存款日記帳逐筆進行核對,以掌握銀行存款實有金額,防止銀行存款帳目發生差錯。

3. 往來結算款項清查的方法

往來款項的清查一般採用發函詢證的方法進行核對。

(三) 財產清查結果的帳務處理

1. 財產清查結果的處理要求

財產清查的結果有三種：一是帳存數與實存數相符（帳實相符）；二是帳存數大於實存數，發生盤虧；三是帳存數小於實存數，發生盤盈。盤盈盤虧說明帳實不符。

財產清查結果處理的要求包括以下幾方面：

(1) 分析帳實不符的原因和性質，提出處理建議；

(2) 積極處理多餘積壓財產，清理往來款項；

(3) 總結經驗教訓，建立健全各項管理制度；

(4) 及時調整帳簿記錄，保證帳實相符。

2. 財產清查結果帳務處理的步驟和科目

(1) 步驟

財產清查的結果，必須按國家有關制度的規定予以處理。其基本程序有兩步：

第一步，審批之前的處理，根據清查結果報告表、盤點報告表等已經查實的數據資料，對財產清查過程中發生的帳實不符情況，通過「待處理財產損溢」科目進行核算，編制記帳憑證，調整帳簿記錄，做到帳實相符，同時報請有關部門審批。

第二步，審批之後的處理，根據審批的意見，進行差異處理，編制記帳憑證並登記有關帳簿從而調整帳項，以便得到客觀真實的會計資料。

(2) 科目設置

企業應設置「待處理財產損溢」科目，並分別開設「待處理非流動資產損溢」和「待處理流動資產損溢」兩個二級明細分類科目進行核算。按照企業會計準則的規定，財產清查結果應在期末前處理完畢，該帳戶期末無餘額。

借方	待處理財產損溢	貸方
發生額： (1) 財產物資盤虧、毀損數（淨值） (2) 已批准轉銷的財產物資盤盈數（淨值）		發生額： (1) 財產物資盤盈數（淨值） (2) 已批准轉銷的財產物資盤虧、毀損數（淨值）

3. 不同財產清查結果的帳務處理方法

(1) 庫存現金清查結果的帳務處理

庫存現金清查後，如果有長餘或短缺，應根據「現金盤點報告表」及時進行帳務處理。

第一，盤虧

報批前：（調整帳面數使得帳實相符）

屬於現金短缺，應按實際短缺的金額

借：待處理財產損溢——待處理流動資產損溢

  貸：庫存現金
 批准後：（轉銷待處理財產損溢）
  屬於應由責任人或責任單位賠償的部分記入其他應收款；屬於無法查明的其他原因的，衝減管理費用。
  借：其他應收款——應收現金短缺款（××個人或單位）
    管理費用——現金短缺
   貸：待處理財產損溢——待處理流動資產損溢
 第二，盤盈
 報批前：
 屬於現金溢餘，按實際溢餘的金額
  借：庫存現金
   貸：待處理財產損溢——待處理流動資產損溢
 批准後：
 屬於應支付給有關人員或單位的，記入其他應付款；屬於無法查明原因的，記入營業外收入。
  借：待處理財產損溢——待處理流動資產損溢
   貸：其他應付款——應付現金溢餘（××個人或單位）
     營業外收入——現金溢餘
  【例5-2】新東方有限責任公司於2014年3月31日，對現金進行清查時，發現庫存現金較帳面餘額短少150元。經查明，出納員王某負有一定的責任，應責其賠償100元；剩餘50元部分，經批准後轉作當期費用。
  【分析】這筆業務發生後，分兩步進行帳務處理。
  第一步，在未查明原因前，按實際短缺金額，編制會計分錄：
  借：待處理財產損溢——待處理流動資產損溢   150
   貸：庫存現金   150
  第二步，查明現金短缺金額的原因後，編制會計分錄：
  借：其他應收款——備用金（王某）   100
    管理費用   50
   貸：待處理財產損溢——待處理流動資產損溢   150
 （2）銀行存款清查結果的處理
  銀行存款日記帳與銀行開出的銀行存款對帳單進行相互逐筆核對，在核對過程中，如出現企業銀行日記帳與銀行對帳單雙方餘額不一致，除企業或銀行在記帳時產生差錯應立即更正外，主要是企業與銀行各自的帳簿記錄中存在未達帳項。
  所謂未達帳項是指由於企業與銀行取得憑證在傳遞時間上的差異，導致記帳時間不一致而發生的一方已取得結算憑證並已登記入帳，而另一方由於尚未取得結算憑證尚未入帳的款項。未達帳項有以下四種類型：
  第一，銀行已記作企業存款的增加，而企業尚未收到收款通知，因而尚未記帳的款項。如托收貨款和銀行支付給企業的存款利息等。
  第二，銀行已記作企業存款的減少，而企業尚未收到付款的通知，因而尚未記帳的款

項。如銀行代企業支付的公用事業費用和向企業收取的借款利息等。

第三，企業已記作銀行存款的增加，而銀行尚未辦妥入帳手續。如企業銷售商品收到其他單位的轉帳支票並已記帳，由於銀行尚未收到轉入的款項而尚未入帳等。

第四，企業已記作銀行存款的減少，而銀行尚未支付入帳的款項。如企業開出轉帳支票，對方尚未到銀行辦理轉帳手續的款項等。

上述任何一種類型的未達帳項存在，都會使企業銀行存款日記帳餘額與銀行對帳單餘額不符。

企業在與銀行對帳過程中，如發現未達帳項，應編制「銀行存款餘額調節表」進行調節。「銀行存款餘額調節表」的編制方法有補記式餘額調節法和剔除式餘額調節法兩種，其中：

補記式餘額調節法，即將雙方餘額各自加減未達帳項，使雙方餘額平衡的一種方法。其調節公式是：

企業銀行存款日記帳餘額+銀行已收企業未收-銀行已付企業未付＝銀行對帳單餘額+企業已收銀行未收-企業已付銀行未付

剔除式餘額調節法，即將未達帳項從已入帳一方的餘額中剔除，使雙方都不含未達帳項，從而使雙方餘額平衡的一種方法。其調節公式是：

企業銀行存款日記帳餘額-企業已收銀行未收+企業已付銀行未付
＝銀行對帳單餘額-銀行已收企業未收+銀行已付企業未付

調節後雙方餘額如果仍不相符，則需進一步查明原因，直至核對相符。

【例 5-3】「銀行存款餘額調節表」的具體編制方法舉例

新東方有限責任公司 2014 年 8 月 31 日銀行存款日記帳的餘額為 250,800 元，而銀行轉來的對帳單的餘額為 182,600 元，經過逐筆核對發現有以下未達帳項：

8 月 29 日，企業委託銀行代收的款項 234,050 元，銀行已經收妥入帳，企業尚未接到銀行的收款通知；

8 月 29 日，企業因採購材料開出轉帳支票 156,450 元，持票人尚未到銀行辦理轉帳；

8 月 30 日，企業銷售商品收到購入單位送存的轉帳支票，列明金額 450,000 元，企業尚未將轉帳支票及時送存銀行；

8 月 31 日，銀行代企業支付某項公用事業費用 8,700 元，企業尚未接到銀行的付款通知。

根據以上資料編制「銀行存款餘額調節表」，調整雙方餘額。「銀行存款餘額調節表」的格式及調節結果見表 5-13。

表 5-13　　　　　　　　　　　銀行存款餘額調節表
2014 年 8 月 31 日　　　　　　　　　　　　　　　金額單位：元

項目	金額	項目	金額
銀行存款日記帳	250,800	銀行對帳單	182,600
加：銀行已收、企業未收	234,050	加：企業已收、銀行未收	450,000
減：銀行已付、企業未付	8,700	減：企業已付、銀行未付	156,450
調節後餘額	476,150	調節後餘額	476,150

上述採用補記式餘額調節法進行調整，若在雙方記帳無差錯的情況下，調節後的餘額一般應相等，表明企業當時實際可以動用的款項。

需要指出的是：①「銀行存款餘額調節表」只是為了核對帳目，並不能作為調節銀行存款帳面餘額的原始憑證。對於因未達帳項而使雙方帳面餘額出現的差異，無須作帳面調整，待結算憑證到達後再進行帳務處理，登記入帳。②根據未達帳項編制「銀行存款餘額調節表」的工作應由出納以外的會計核對和編制。

(3) 實物財產清查結果的帳務處理

實物財產包括存貨這類流動資產和固定資產兩部分。下邊就存貨盤盈、盤虧的帳務處理和固定資產盤盈、盤虧的帳務處理分別予以介紹。

存貨清查結果的帳務處理

第一，存貨盤盈

報批前：(調整帳面數使得帳實相符)

借：原材料（庫存商品等）

　　貸：待處理財產損溢——待處理流動資產損溢

報經批准後，衝減管理費用：

借：待處理財產損溢——待處理流動資產損溢

　　貸：管理費用

第二，存貨盤虧或毀損

報批前：

借：待處理財產損溢——待處理流動資產損溢

　　貸：原材料（庫存商品等）

報經批准後，根據不同情況作出如下處理：

若屬定額內合理損耗，應轉作管理費用；若屬收發差錯和管理不善造成的存貨短缺和毀損，過失人或保險公司應賠償的，記入其他應收款；若屬自然災害或意外事故造成的存貨短缺和毀損，應將淨損失計入營業外支出。

借：管理費用

　　其他應收款——××單位或個人

　　營業外支出——非常損失

　　貸：待處理財產損溢——待處理流動資產損溢

【例5-4】新東方有限責任公司在財產清查中，發現盤虧一批材料100千克，每千克單價為15元。經查，其中50千克是定額內的合理損耗，30千克是倉庫保管不善造成的毀損，要求倉庫保管人員賠償損失，款項尚未收到，另外20千克是意外事故原因形成的損耗。

借：待處理財產損溢——待處理流動資產損溢　　　　　　　　1,500

　　貸：原材料　　　　　　　　　　　　　　　　　　　　　1,500

第二步，報經批准後，根據處理意見轉銷待處理財產損溢。做會計分錄為：

借：管理費用　　　　　　　　　　　　　　　　　　　　　　750

　　其他應收款　　　　　　　　　　　　　　　　　　　　　450

　　營業外支出　　　　　　　　　　　　　　　　　　　　　300

　　貸：待處理財產損溢——待處理流動資產損溢　　　　　　1,500

固定資產清查結果帳務處理

第一，固定資產盤盈

企業在財產清查中盤盈的固定資產，根據《企業會計準則第 28 號——會計政策、會計估計變更和差錯更正》規定，作為前期差錯處理。盤盈的固定資產，在按管理權限報經批准處理前應先通過「以前年度損益調整」科目核算。不做介紹。

第二，固定資產盤虧

報批前：

借：待處理財產損溢——待處理非流動資產損溢
　　累計折舊
　貸：固定資產

報經批准後，根據不同情況作出如下處理：

自然災害所造成的固定資產毀損，在扣除保險公司賠款和殘值收入後，列入「營業外支出」；責任事故原因造成的固定資產損失，有責任人賠款的，在款項未收到前，記入「其他應收款」等。

借：其他應收款——××單位或個人
　　營業外支出——非常損失
　貸：待處理財產損溢——待處理非流動資產損溢

【例5-5】新東方有限責任公司在財產清查中盤虧機器一臺，帳面原價為 18,000 元，已提折舊 16,000 元，據查系被人偷竊，按規定罰保管人員 500 元，款項尚未收到。其餘損失經批准轉作「營業外支出」。

【分析】這筆業務發生後，可分兩步進行帳務處理。

第一步，報經批准前，先將盤虧固定資產帳面價值註銷，做會計分錄為：

借：累計折舊　　　　　　　　　　　　　　　　　　　　16,000
　　待處理財產損溢——待處理非流動資產損溢　　　　 2,000
　貸：固定資產　　　　　　　　　　　　　　　　　　　18,000

第二步，報經批准後，根據不同的原因作會計分錄為：

借：其他應收款　　　　　　　　　　　　　　　　　　　　500
　　營業外支出　　　　　　　　　　　　　　　　　　　1,500
　貸：待處理財產損溢——待處理固定資產損溢　　　　 2,000

（4）往來帳項清查結果的處理

第一，無法收回的應收帳款，即壞帳損失，報經批准後：

借：壞帳準備
　貸：應收帳款——××單位

第二，無法支付的應付帳款，經批准後銷帳：

借：應付帳款——××單位
　貸：營業外收入

【例5-6】新東方有限責任公司在財產清查中發現一筆長期無法應付的貨款 20,000 元，據查該債權單位已撤銷。企業報經批准後，予以轉銷。企業編制會計分錄如下：

借：應付帳款　　　　　　　　　　　　　　　　　　　　20,000
　　貸：營業外收入——其他　　　　　　　　　　　　　　　　20,000
注意：不是所有的財產清查結果都通過「待處理財產損溢」帳戶核算。

【技能訓練】

訓練目的：1. 掌握對帳的內容和方法；
　　　　　2. 掌握財產清查結果的帳務處理。
訓練要求：1. 能夠進行對帳；
　　　　　2. 能夠編制銀行存款餘額調節表；
　　　　　3. 能對財產清查結果進行帳務處理。
訓練資料一：1. 據本項目任務三下的訓練資料一、二分別登記的應付帳款總帳及其明細帳；原材料總帳及其明細帳；
　　　　　　2. 據本項目任務三下的訓練資料三、四分別登記的總分類帳。
根據上述資料完成以下任務：
（1）期末，進行對帳，據上述資料1進行總帳與明細帳的核對；
（2）期末，進行對帳，據上述資料2進行總帳之間的核對。

訓練資料二：康健食品廠2014年5月31日銀行存款日記帳的餘額是143,900元，銀行送來的對帳單上餘額是152,000元，經逐筆核對查明下列未達帳項：
（1）企業於5月27日開出轉帳支票一張，金額4,500元，銀行未入帳；
（2）5月29日銀行代企業收回銷貨款7,500元，企業尚未收到收款通知；
（3）31日銀行代扣企業水電費600元，企業尚未收到發票；
（4）企業在31日收到轉帳支票一張，金額3,300元，銀行尚未入帳。
根據上述資料完成任務：編制銀行存款餘額調節表。

銀 行 存 款 餘 額 調 節 表
年　　月　　日

單位：元

項目	餘額	項目	餘額
銀行對帳單餘額		銀行日記帳餘額	
加：企收銀未收		加：銀收企未收	
減：企付銀未付		減：銀付企未付	
調整後存款餘額		調整後存款餘額	

訓練資料三：康健食品廠2014年年終進行財產清查，在清查中發現下列事項：
（1）甲材料盤盈2,000元；
（2）乙材料盤虧260元；
（3）庫存商品盤盈240元；
（4）短缺設備一臺，其帳面原值4,000元，已提折舊2,000元。
上列各項盤盈、盤虧和損失，經查原因屬實，報請領導審核批准，作如下處理：
（1）盤盈的甲材料衝減管理費用；
（2）盤虧的乙材料中80元屬自然耗損作管理費用處理，180元屬保管責任造成，應

賠償；
（3）盤盈的產品衝減管理費用；
（4）盤虧的固定資產，轉作營業外收支處理。
根據上述資料完成以下任務：
（1）據上列清查結果，編制審批前的會計分錄；
（2）根據報請批准處理的結果，編制審批後的會計分錄。

任務五　更正錯帳

【任務引入】

通過前邊的學習，我們掌握了日記帳、總帳和明細帳的登記方法，並能夠熟練登記各種帳簿，也進行了對帳。那麼在登帳過程中或對帳後，如果發現帳簿中的信息登錯了，即出現了錯帳，我們該如何更正這些錯帳呢？錯帳的情形一般又有哪些？這些將是本次任務要解決的。

任務1：認識錯帳的情形。
任務2：能夠更正錯帳。

【任務分析】

期末，新東方有限責任公司在對帳中，發現帳帳不符，即總帳之間不平，總帳與所屬明細帳的發生額和餘額也不等。經查，是由於幾筆業務登錯帳導致的。這些錯帳，有的是由於在會計工作過程的第一環節——填制和審核會計憑證中，記帳憑證就填制錯誤，再據此錯誤的憑證登到帳上而導致的；有的是由於在會計工作過程的第二環節——登記帳簿中，因在登帳時發生的過帳上的錯誤導致的。為了帳帳相符，保證帳簿資料的準確性，就必須更正這些錯帳，那麼我們該如何更正這上述錯帳呢？錯帳的情形一般又有哪些？下面我們就帶著這些問題來學習和完成本次任務。

【相關知識】

帳簿中的錯帳，因錯誤情況的不同，更正錯帳的方法有三種：劃線更正法、紅字更正法和補充登記法。

一、劃線更正法

劃線更正法是指採用劃線方式註銷原有記錄，從而更正帳簿記錄錯誤的方法。
1. 適用範圍：在結帳之前，發現帳簿記錄中的文字、數字或數字計算有錯誤，以及非因記帳憑證中應借、應貸科目或金額的錯誤而發生的過帳上的錯誤，可採用劃線更正法。
2. 更正錯帳的具體做法是：
（1）應當將錯誤的文字或者數字劃紅線註銷，但必須使原有字跡仍可辨認。
（2）在劃線上方用藍字填寫正確的文字和數字，並由記帳人員在更正處蓋章。對於錯誤的數字，應當全部劃紅線更正，不得只更正其中的錯誤數字。對於文字錯誤，可只劃去錯

誤的部分。

例如，過帳時筆誤將 1,326 寫為 1,236，更正方法如

1,326
~~1,236~~

二、紅字更正法

紅字更正法也稱為紅字衝銷法，是指在帳簿登記中，用紅字衝銷原記數額，以更正帳簿錯誤記錄的方法。

1. 適用範圍：兩種錯誤情況，第一，記帳憑證中應借、應貸科目錯誤且已登記入帳；第二，記帳憑證中應借應貸科目正確而金額錯誤且所記金額大於應記金額，且已登記入帳，應採用紅字更正法。

2. 更正錯帳的具體做法是：

第一，當記帳憑證的應借、應貸科目錯誤並已登記入帳時，具體做法為：

(1) 先用紅字金額填寫一張與原錯誤憑證內容完全相同的憑證，在「摘要」欄註明「註銷×月×日×字第×號憑證」字樣，並據此用紅字金額登帳，以示衝銷。

(2) 再用藍字金額填寫一張正確的記帳憑證，並在「摘要」欄內註明「訂正×月×日×字第×號憑證」字樣，並據此用藍字金額登帳即可。

【例5-7】6月5日新東方有限責任公司為生產甲產品領用鋼材一批，金額20,000元，編制轉字第15號記帳憑證並已登帳（見下T形帳戶）。

借：製造費用　　　　　　　　　　　　　　　　　　　　　　20,000
　貸：原材料　　　　　　　　　　　　　　　　　　　　　　　　20,000

改正時：

先用紅字填寫一張與上述憑證內容相同的憑證，在摘要欄註明「衝銷6月5日轉字第15號憑證」並據此以紅字金額登帳（見下T形帳戶）。

借：製造費用　　　　　　　　　　　　　　　　　　　　　　2,000
　貸：原材料　　　　　　　　　　　　　　　　　　　　　　　　2,000

最後，再編制一張正確的藍字金額憑證，在摘要欄註明「訂正6月5日轉字第15號憑證」並據此以藍字金額登帳（見下T形帳戶）。

借：生產成本　　　　　　　　　　　　　　　　　　　　　　20,000
　貸：原材料　　　　　　　　　　　　　　　　　　　　　　　　20,000

根據以上記帳憑證記帳後帳戶記錄如下：

借　生產成本　貸	借　制造費用　貸	借　原材料　貸
20,000 | 20,000	| 20,000	| 20,000
	20,000 |	| 20,000
		| 20,000

第二，記帳憑證中應借、應貸科目正確而金額錯誤且所記金額大於應記金額，並已登帳時，具體做法為：

按多記金額用紅字金額編制一張與原記帳憑證應借、應貸科目一致的記帳憑證，並在「摘要」欄註明「衝銷×月×日×字第×號憑證多記金額」字樣，並據此登帳，將多記金額衝銷。

【例 5-8】6 月 12 日新東方有限公司銷售產品一批，金額 10,000 元，貨款暫欠。編制轉字第 26 號記帳憑證，並已登帳（見下 T 形帳戶）。

借：應收帳款　　　　　　　　　　　　　　　　　　　100,000
　　貸：主營業務收入　　　　　　　　　　　　　　　　　　100,000

更正時，按多記金額 90,000 元用紅字金額編制記帳憑證，在摘要欄註明「衝銷 6 月 12 日轉字第 26 號憑證多記金額」並據此登記入帳（見下 T 形帳戶），將多記金額衝銷。

借：應收帳款　　　　　　　　　　　　　　　　　　　90,000
　　貸：主營業務收入　　　　　　　　　　　　　　　　　　90,000

根據以上記帳憑證記帳後帳戶記錄如下：

借	應收帳款	貸	借	主營業務收入	貸
100,000				100,000	
90,000				90,000	

三、補充登記法

補充登記法，是指記帳後發現記帳憑證中應借、應貸科目正確，但所記金額小於應記金額，以更正帳簿錯誤記錄的方法。

1. 適用範圍：記帳憑證中應借、應貸科目正確，但所記金額小於應記金額，並已登記入帳，採用補充登記法進行更正。

2. 更正錯帳的具體做法是：按少記金額用藍字金額重新填制一張與原記帳憑證應借、應貸科目相同的記帳憑證，並在「摘要」欄註明「補記×月×日×字第×號憑證少記金額」字樣，並據此用藍字金額登帳。

【例 5-9】6 月 2 日新東方有限責任公司用現金購買辦公用品 800 元，編制現付第 2 號記帳憑證並已登帳（見下 T 形帳戶）。

借：管理費用　　　　　　　　　　　　　　　　　　　300
　　貸：庫存現金　　　　　　　　　　　　　　　　　　　300

更正時，按少記金額 500 元，用藍字金額重新編制記帳憑證，在摘要欄註明「補記 6 月 2 日現付字第 2 號憑證少記金額」字樣，並據此用藍字金額登帳（見下 T 形帳戶），補充少記金額。

借：管理費用　　　　　　　　　　　　　　　　　　　500
　　貸：庫存現金　　　　　　　　　　　　　　　　　　　500

根據以上記帳憑證記帳後帳戶記錄如下：

借 管理費用 貸	借 庫存現金 貸
300	300
500	500

注意：所謂錯帳，都是指據有關憑證已經登到會計帳簿後發現的錯誤。如果記帳憑證就填制錯誤，並且沒有據此登到有關帳簿中，這種錯誤不是錯帳的情形，也就不適用上述錯帳更正方法進行更正，應怎樣改呢？

【技能訓練】

訓練目的：1. 使學生掌握錯帳更正的方法。
訓練要求：1. 進行證證、證帳核對，發現錯誤。
　　　　　2. 採用適當方法更正錯誤。
訓練資料：康健食品廠2014年5月份發生的以下四筆業務，已登記了有關總戶：
（1）收到前欠貨款。

中國工商銀行進帳單（回單或收帳通知）

2014年5月4日　　　　　　　　第 1 號

出票人	全　稱		收款人	全　稱	
	帳　號	286-50346-11		帳　號	286-54025-078
	開戶銀行			開戶銀行	

人民幣（大寫）	壹萬伍仟元整	千	百	十	萬	千	百	十	元	角	分
				¥	8	7	6	5	0	0	0

票據種類	
票據張數	
單位主管　　會計　　復核　　記帳	工行咸陽市六支行公章 收款人開戶行蓋章

此聯是持票人開戶銀行交給持票人的收帳通知

收款憑證

借方科目：＿＿＿＿＿＿　　　　　2014 年 5 月 4 日　　　　　　　　銀收 字第 3 號

摘　要	貸方總帳科目	明　細　科　目	√	全額（億千百十萬千百十元角分）
				8 7 6 5 0 0 0
合　　　計				¥　 8 7 6 5 0 0 0

附件一張

會計主管　　　記帳　　　出納　　　復核　　　製單　　　領款人

總分類帳

會計科目名稱或編號＿＿＿＿＿＿　　　　　　　　　　　　　　　　　　　　13

2014年 月 日	字 號	摘　要	借方（總千百十萬千百十元角分）	√	貸方（總千百十萬千百十元角分）	√	借或貸	餘額（億千百十萬千百十元角分）	√
5　1							借	1 8 7 6 5 0 0 0	
2	2		6 0 0 0 0 0				借	1 9 3 6 5 0 0 0	
3	2				4 0 0 0 0 0		借	1 8 9 6 5 0 0 0	
4	3				8 6 7 5 0 0 0		借	1 0 2 9 0 0 0 0	

(2) 倉庫發出材料，用於生產麵包。

領用部門	
提單號數	

領料單

2014 年 5 月 8 日

編　號	字　號
材料帳頁	冊　頁

用途：生產用　　　　　　　　　　　　成本項目

材料項目				單位	數量		發票金額	
編號	分類	名稱	規格		請領數	實發數	單價（百十元角分）	總價（十萬千百十元角分）
								3 6 0 0 0 0
								¥　3 6 0 0 0 0

車間或部門主管　　　會計主管　　　材料主管　　　發料　　　領料

第二聯　交會計部門

156　基礎會計

<table>
<tr><td colspan="10" align="center">轉　帳　憑　證</td><td colspan="2">會字第____號</td></tr>
<tr><td colspan="10" align="center">2014 年 4 月 2 日</td><td colspan="2">轉字第 8 號第____頁</td></tr>
</table>

摘要	借方 科目 / 明細科目	√	貸方 科目 / 明細科目	√	金額 億千百十萬千百十元角分
		√		√	３６００００ 附件一張
合　計					￥３６００００

會計主管　　　記帳　　　出納　　　復核　　　製單

總　分　類　帳

會計科目名稱或編號＿＿＿＿　　　　　　　　　　　　　　　　　　　13

2014年 月/日/字/號	摘要	借方 總千百十萬千百十元角分	√	貸方 總千百十萬千百十元角分	√	借或貸	餘額 總千百十萬千百十元角分	√
5/1						借	１００００	
2/3				４５０００		借	５５０００	
15/8		３６０００				借	４１５０００	

（3）開出轉帳支票，支付購買辦公用品費。

中國工商銀行　（陝）
轉帳支票存根
VII II 06900241

科　　目　　銀行存款
對方科目　　管理費用
出票日期 2014 年 5 月 13 日

　收款人：
　金　額：204.00
　用　途：購設備

　單位主管　　　　　會計

陝西省咸陽市商業零售普通發票

2014 年 5 月 12 日　　　　　發　票　聯　　　　　No. 063847521

購貨單位(人)	名稱	康健食品廠		代碼或身分證號碼		590132326470985							
	地址	西郊		電話		8201686							

品名規格	單位	數量	單價	金額 萬 千 百 十 元 角 分
		50	2	1 0 0 0 0
		10	8	8 0 0 0
		30	0.8	2 4 0 0
合計（大寫）		零萬零仟貳佰零拾肆元零角零分		¥ 2 0 4 0 0

第二聯 發票聯

銷貨單位	名稱	咸陽百貨一商店	納稅人識別號	590752104317345
	地址	大寨路	電話	8142163

銷貨單位（章）　　發票投資電話：965888888　　　　開票人：王　靜
　　　　　　　　　發票舉報電話：8461478

付　款　憑　證

貸方科目：_____　　2014 年 5 月 13 日　　　　銀付 字第 10 號

摘　要	借方總帳科目	明　細　科　目	√	金額 億 千 百 十 萬 千 百 十 元 角 分
購買辦公用品	管理費用	辦公費	√	2 4 0 0 0
	合　　　計			¥ 2 4 0 0

附件二張

會計主管　　記帳　　出納　　復核　　製單　　領款人

總　分　類　帳

會計科目名稱或編號_____　　　　　　　　　　　　　　　　17

2014 年		字	號	摘　要	借方 億千百十萬千百十元角分	√	貸方 億千百十萬千百十元角分	√	借或貸	餘額 億千百十萬千百十元角分	√
月	日										
5	11			承前頁					借	1 0 0 0 0 0	
5	13	付		購辦公品	2 4 0 0 0				借	1 2 4 0 0 0	

(4) 5 月 20 日，付倉庫計量器具檢測費。

中國工商銀行　（陝）
轉帳支票存根
VII II 06900241

科　　目 _____
對方科目 _____
出票日期 2014 年 5 月 21 日

收款人：
金　額：1,280.17
用　途：

單位主管　　　　　會計

陝西省事業性收費現金專用繳款書（代發票）

填發日期：　2014 年 5 月 20 日　　　No：　SX 886475223

繳　款　人		收款單位	全　稱							
執　收　單　位			帳　號	201-249008-94						
執收單位主管部門			開戶銀行							
收　費　項　目	數　量	單　位	單　價	金額						
				萬	千	百	十	元	角	分
						1	2	8	0	1	7
金額合計人民幣（大寫）：壹仟貳佰捌拾元零壹角柒分				¥	1	2	8	0	1	7
收款單位蓋章		執業單位蓋章		上列款項已劃轉收款單位帳戶 （收款銀行蓋章） （已蓋）						

會計：　　　　　　　　　　　　　經辦：

第五聯（回單）銀行收款蓋章後退繳款單位

付 款 憑 證

貸方科目：**銀行存款**　　2014 年 5 月 21 日　　**銀付** 字第 **12** 號

摘要	借方總帳科目	明細科目	√	金額 億 千 百 十 萬 千 百 十 元 角 分
檢測倉庫計量器具	管理費用	檢測費	√	1 2 0 8 1 7
合　　　　計				￥ 1 2 0 8 1

附件二張

會計主管　**段小安**　　記帳　**馬玲**　　出納　**陳靜**　　復核　　　製單　**李曉藝**　　領款人

總 分 類 帳

21

會計科目名稱或編號_____

2014年 月 日	字	號	摘要	借方 億千百十萬千百十元角分	√	貸方 億千百十萬千百十元角分	√	借或貸	餘額 億千百十萬千百十元角分	√
5　1								借	1 5 0 0 0 0	
4	4					6 0 0 0 0		借	9 0 0 0 0	
10	6			7 0 0 0 0				借	1 6 0 0 0 0	
21	12					1 2 0 8 1 7		借	3 9 1 8 3	

根據上述資料完成以下任務：
(1) 指出每種錯帳的情況，說明應採用的更正方法；
(2) 進行錯帳更正。

任務六　結帳

【任務引入】

　　通過前面的學習，我們按照帳簿登記規則登完了所設置的日記帳、總帳和明細帳，期末進行了對帳，那對帳後緊接著要幹什麼呢？答案是結帳。什麼是結帳？結帳的程序？怎樣進行結帳？這些將是本次任務要解決的。

　　任務1：瞭解結帳的程序。
　　任務2：掌握結帳的方法。
　　任務3：能夠進行結帳。

【任務分析】

期末，新東方有限責任公司對所登記的日記帳、總帳和明細帳進行了對帳，沒發現錯帳，帳實也相符，帳簿記錄完全正確、真實。這時，該公司為了總結一定期間的全部經濟活動情況，掌握各類經濟信息，也為了給即將進入的會計工作過程的第三環節——編制報表，打好基礎，做好準備，就必須進行結帳。

期末，新東方有限責任公司進行結帳。結帳必須是在把本期內發生的全部經濟業務全部登記入帳，並通過對帳，保證帳簿記錄完全正確、真實的基礎上進行的。就是說，結帳一定是在對帳後進行的。期末，對帳後，如果帳證、帳帳、帳實都相符，就可以直接結帳了；對帳後，如果發現有錯帳，必須先用正確的更正錯帳的方法更正錯帳、發現帳實不符，必須按正確的帳務處理程序調整帳簿記錄，保證帳簿記錄完全正確、真實，再結帳。那麼什麼是結帳？結帳的程序包括哪些？怎樣進行結帳？下面我們就帶著這些問題來學習和完成本次任務。

【相關知識】

結帳是會計工作過程的第二環節——登記帳簿的最後一步。

一、結帳程序

結帳，就是在把一定時期〔月份、季度、年度〕內所發生的經濟業務全部登記入帳的基礎上，結算出各種帳戶的本期發生額和期末餘額。結帳的主要程序是：

1. 檢查本期內日常發生的經濟業務是否已全部登記入帳並保證其正確性；
2. 根據權責發生制的要求，調整有關帳項，合理確定本期應計的收入和應計的費用；
3. 將損益類科目轉入「本年利潤」科目，結平所有損益類科目；
4. 認真對帳以保持帳面記錄的正確；
5. 結出所有帳戶本期發生額和餘額；
6. 劃線結帳將期末餘額結轉下期。

二、結帳方法

結帳工作，通常按月進行，年度終了，還要進行年終結帳。在實際工作中，一般採用劃線結帳的方法進行結帳。具體做法如下：

1. 辦理月結，應在各帳戶最後一筆記錄下面劃一條通欄紅線，在紅線下結算出本月發生額及月末餘額（若無餘額，應在「餘額」欄內註明「0」符號或在「借或貸」欄內寫上「平」字），並在摘要欄內註明「本月合計」，然後在下面再劃一條通欄紅線。

2. 辦理年結，應在12月份月結數字下，結算填列全年12個月的發生額及年末餘額，並在摘要欄內註明「本年合計」字樣，然後再在合計數下劃兩條通欄紅線，以示封帳。

3. 年度終了結帳時，有餘額的帳戶，要把帳戶的餘額結轉到下一會計年度，並在摘要欄註明「結轉下年」字樣；在下一會計年度新建有關會計帳簿的第一行餘額內填寫上年結轉的餘額，並在摘要欄註明「上年結轉」字樣。結帳舉例見表5-14。

表 5-14　　　　　　　　　　　現 金 日 記 帳

2014年		憑 證		摘　　要	借方	貸方	餘額
月	日	字	號				
1	1			上年結轉			2,500
	5	現收	10	收到罰款	5,000		7,500
	5	現付	2	付差旅費		4,000	3,500
	10	銀付	22	提現	200,000		203,500
	10	現付	10	發放本月工資		200,000	3,500
1	31			本月合計	205,000	204,000	3,500
～～	～～	～～	～～	～～～～～	～～～～	～～～～	～～～
12	31			本月合計	220,500	215,000	8,000
12	31			本年合計	2,755,500	2,750,000	8,000
12	31			結轉下年			

【技能訓練】

訓練目的：1. 掌握結帳的方法。

訓練要求：1. 能夠進行結帳。

訓練資料一：1. 據本項目任務三下的訓練資料一、二分別登記的應付帳款總帳及其明細帳；原材料總帳及其明細帳；

2. 據本項目任務三下的訓練資料三、四分別登記的總分類帳。

根據上述資料完成以下任務：

期末，進行劃線結帳。

【項目總結】

　　本項目是按照完成會計工作過程的第二環節——登記帳簿中的各項任務設計的。即為了全面、序時、分類地提供會計主體一定時期全部的經濟活動信息，在會計工作實務中，第一，建帳。我們必須根據國家有關規定及企業自身管理的需要，設置相關會計帳簿；第二，登帳。根據帳簿啟用和登記規則，由相應崗位的人員根據相關的會計憑證於期末或不定期登記總帳、有關明細帳和現金帳、銀行帳；第三，對帳。期末，對所登記的各類帳簿利用帳簿間數據的勾稽關係進行對帳，保證帳證、帳帳、帳實相符；第四，更正錯帳。對帳完後，如果帳證、帳帳、帳實相符，就直接結帳；如果不符，有錯帳，就用正確的錯帳更正方法先更正錯帳，直到帳簿記錄準確、真實；第五，結帳。期末，按照結帳程序，用劃線結帳法結帳，為會計工作過程的第三環節——編制報表，打好基礎，提供數據。

　　上述中的任務是按照實際會計工作中的先後順序設計的，所以要求學生在掌握了每個任務下的基本會計知識後，能熟練獨自完成每項任務，以便掌握登記帳簿這一環節的基本操作

技能，即能夠建帳、登帳、對帳、更正錯帳和結帳。

【項目綜合練習】

訓練目的：1. 掌握科目匯總表的編制方法以及據此登記總帳的方法；
     2. 掌握總帳之間核對的方法；
     3. 熟悉結帳的方法。

訓練要求：1. 能夠編制科目匯總表及據此登記總帳；
     2. 能夠進行總帳的核對；
     3. 能夠進行劃線結帳。

訓練資料：1. 康健食品廠2014年3月初各分類帳戶的期初餘額見下表；
     2. 該企業2014年3月1—10日、11—20日的科目匯總表分別見下表；
     3. 該企業3月21—31日，發生的各項經濟業務見項目四中任務三下的資料一。

總分類帳戶期初餘額

帳戶名稱	借方餘額	帳戶名稱	貸方餘額
庫存現金	14,809	短期借款	1,000,000
銀行存款	439,400	應付帳款	1,518,416
應收帳款	1,927,000	應付職工薪酬	82,300
其他應收款	236,000	應交稅費	426,500
原材料	10,698,014	應付利息	9,600
庫存商品	1,212,800	其他應付款	2,618
生產成本	388,700	實收資本	21,000,000
待攤費用	35,250	資本公積	410,000
固定資產	14,663,000	盈餘公積	480,000
主營業務成本	3,030,000	利潤分配	360,000
銷售費用	69,000	累計折舊	3,665,000
稅金及附加	91,000	主營業務收入	4,360,000
管理費用	312,000	其他業務收入	621,000
財務費用	29,000	營業外收入	53,700
其他業務成本	406,000		
營業外支出	67,000		
所得稅費用	370 161		
合計	33,989,134	合計	33,989,134

科目匯總表

（2014 年 3 月 1 日—10 日）

會計科目	過帳	本期發生額 借方	本期發生額 貸方	記帳憑證起訖號數
庫存現金		83,000	97,240	
銀行存款		983,000	1,028,000	
應收帳款		429,800	313,000	
固定資產		50,000		
應付帳款		396,000	50,000	
應交稅費		426,500	138,805	1. 現收字 1—12 號
應付職工薪酬		23,000		2. 銀收字 1—18 號
其他應付款		2,618		3. 現付字 1—26 號
主營業務收入			816,500	4. 銀付字 1—20 號
其他業務收入			144,495	5. 轉字 1—16 號
銷售費用		32,000		
管理費用		84,052		
財務費用		830		
其他業務成本		77,240		
合　計		2,588,040	2,588,040	

科目匯總表

（2014 年 3 月 11 日—20 日）

會計科目	過帳	本期發生額 借方	本期發生額 貸方	記帳憑證起訖號數
庫存現金		73,000	72,100	
銀行存款		749,000	961,000	
應收帳款		189,000	292,000	
應付帳款		575,000		
應交稅費			88,974.26	
應付職工薪酬		24,000		1. 現收字 13—26 號
主營業務收入			523,378	2. 銀收字 19—35 號
其他業務收入			33,647.74	3. 現付字 27—43 號
銷售費用		23,000		4. 銀付字 21—39 號
製造費用		4,980		5. 轉字 17—30 號
管理費用		222,030		
財務費用		290		
其他業務成本		110,800		
合　計		1,971,100	1,971,100	

根據上述資料完成以下任務：
(1) 設置總分類帳並登記月初餘額；
(2) 據上述資料3所填制的、並審核無誤的記帳憑證編制21~31日科目匯總表；
(3) 據上、中、下旬科目匯總表登記總分類帳，對帳正確後進行結帳。（注意：該公司損益類帳戶年內各月均不進行結轉，年末一次結轉。）

項目六 編制會計報表

【學習目標】
- 瞭解企業財務會計報表的構成
- 熟悉會計報表的種類
- 理解資產負債表、利潤表的功能
- 熟悉資產負債表、利潤表的格式和內容
- 掌握資產負債表、利潤表的編制方法

【技能目標】
- 能夠熟練編制簡單的資產負債表
- 能夠熟練編制利潤表

任務一 認識會計報表

【任務引入】

通過項目五任務的學習和完成，我們能夠熟練操作會計工作過程的第二環節——登記帳簿，那麼第三環節要幹什麼呢？在瞭解這一環節內容之前，我們必須先來認識會計工作過程的第三環節——編制會計報表中要用到的重要工具，即會計報表。

任務1：瞭解企業財務會計報表的構成。

任務2：熟悉會計報表的種類。

【任務分析】

新東方有限責任公司成立後，經過一段時期的經營，它是盈利了還是虧損了？它的財務實力有變化嗎？這些是每個會計主體都非常關心的最基本問題。那麼在會計工作中，是通過什麼提供這些信息的呢？也就是提供該公司一定時期的利潤及其構成的經營成果狀況和特定日期全部資產及其構成的財務狀況。答案是會計報表。

新東方有限責任公司成立後，對籌資、供應、生產和銷售過程中發生的各種經濟業務，通過會計工作過程的第一環節——填制和審核會計憑證與第二環節——登記帳簿中的各項任務的完成，最終以會計帳簿中的記錄為該公司全面、連續、分類地提供了其一定時期的發生

的全部業務的會計信息。但帳簿記錄並不能總括地提供該公司一定時期的經營成果狀況和特定日期的財務狀況。而該公司的財務狀況和經營狀況又是所有會計信息使用者關心的問題，不僅是該公司，還有包括其他外部信息使用者。所以，要解決這個問題，就得進入會計工作過程的第三環節——編制會計報表，這個環節是會計工作過程（會計循環）的終點，也是對一個階段會計工作的總結。

新東方有限責任公司都應編制哪些會計報表？會計報表編制有些什麼要求呢？下面我們就帶著這些問題來認識會計帳簿。

【相關知識】

會計報表是財務會計報告的主要組成部分，其主要有資產負債表、利潤表和現金流量表。

一、會計報表及其種類

（一）會計報表的意義

財務會計報告是會計主體單位對外提供的反應某一特定日期財務狀況與某一會計期間經營成果、現金流量的書面文件，由會計報表、會計報表附註和應當披露的相關信息和資料三部分組成，其中會計報表是主要組成部分。

會計報表是以統一的貨幣計量單位，運用表格形式，依據帳簿記錄及其他有關資料，總括地反應會計主體財務狀況、經營成果、現金流量的報告文件。一套完整的會計報表至少應當包括下列報表：①資產負債表；②利潤表；③現金流量表；④所有者權益（或股東權益）變動表。

編制會計報表，是會計核算工作的重要環節，也是會計核算的最終成果。因此，它對於投資人、債權人、企業單位管理者及政府管理部門，都具有重要的作用。

1. 為投資者充分瞭解各單位財務狀況進行投資決策提供必要的信息資料。
2. 為各單位的債權人提供該單位的資金運轉情況、短期償債能力和支付能力的信息資料。
3. 為各單位內部的經營管理者和職工群眾進行經營管理和生產提供必要的信息資料。
4. 為財政、工商、稅務、審計等行政管理部門提供對單位實施管理和監督的各項信息資料。

（二）會計報表的種類

1. 按照所反應的經濟內容不同，分為反應財務狀況的報表、反應財務成果的報表和反應費用、成本的報表三種。

反應財務狀況及其變動情況的會計報表：如「資產負債表」和「現金流量表」。

反應企業收入及財務成果的會計報表：「利潤表」和「利潤分配表」。

反應費用成本情況的會計的報表：「期間費用表」「製造費用表」「商品產品成本表」等。

2. 按照報告對象不同，分為對外會計報表和對內會計報表兩類。

對外會計報表主要包括：「資產負債表」「利潤表」「現金流量表」。

對內會計報表主要有：「期間費用表」「製造費用表」「商品產品成本表」等。

3. 按照編制的時間不同，分為年度會計報表、季度會計報表和月份會計報表。

年度會計報表一般包括:「現金流量表」「利潤分配表」等。

季度會計報表一般包括:「主要產品成本報表」等。

月份會計報表主要包括:「資產負債表和利潤表」等主要會計報表。

4. 按照編報會計主體的不同，分為單位會計報表和合併會計報表和匯總會計報表兩類。

單位會計報表是指獨立核算的會計主體編制的，用以反應某一會計主體的財務狀況、經營成果和費用支出及成本完成情況。

合併會計報表是指企業對外投資，當其投資總額占被投資企業的資本總額的50%以上的情況下，將被投資企業與本企業視為一個整體，將其有關經濟指標與本企業的數字合併而編制的會計報表。

匯總會計報表是由上級主管部門，將其所屬各基層經濟單位的會計報表，與其本身的會計報表匯總編制的會計報表，用以反應一個部門或一個地區的經濟情況。

二、會計報表的編制原則

為了保證會計報表的質量，充分發揮會計報表的作用，在編制會計報表時應滿足以下要求:

1. 數字真實。指報表報揭示的會計信息必須如實反應會計對象，做到情況真實，數據準確，說明清楚。

2. 計算準確。指報表中的各項指標，必須按照《財務會計報告條例》《企業會計準則》等規定的口徑計算填列。

3. 內容完整。指報表報揭示的會計信息的內容必須是全面系統地反應出會計對象的全部情況。

4. 編制及時。指會計報表應及時編制、報送。

知識連結: 編制會計報表的具體要求可參閱《會計基礎工作規範》中第六十五條至第七十二條之規定。

【技能訓練】

訓練目的: 1. 熟悉會計報表。
訓練要求: 1. 熟悉會計報表種類。
訓練資料一: 單項選擇題

1. 按照經濟業務內容分類，利潤表屬於（　　）。
 A. 財務狀況報表　　B. 財務成果報表　　C. 費用成本報表　　D. 對外報表
2. 會計報表編制的依據是（　　）。
 A. 原始憑證　　B. 記帳憑證　　C. 帳簿記錄　　D. 匯總記帳憑證
3. 下列會計報表中屬於月報的有（　　）。
 A. 資產負債表　　B. 利潤分配表　　C. 分部報表　　D. 資產負債表和利潤表

訓練資料二：多項選擇題

1. 下列會計報表中，屬於反應企業財務狀況的對外報表是（　　　）。
   A. 資產負債表　　B. 利潤表　　C. 現金流量表　　D. 利潤分配表
2. 按照對象分類，下列報表屬於對內報表的是（　　　）。
   A. 利潤表　　B. 利潤分配表　　C. 製造費用表　　D. 產品生產成本表
   E. 期間費用表
3. 按照會計報表編制主體的不同，會計報表可分為（　　　）。
   A. 個別會計報表　B. 合併會計報表　C. 匯總會計報表　D. 單位會計報表
4. 資產負債表是（　　　）。
   A 總括反應企業財務狀況的報表　　B. 反應企業報告期末財務狀況的報表
   C 反應企業報告期間財務狀況的報表　D. 反應企業財務狀況的靜態報表
   E 反應企業財務狀況的動態報表
5. 企業的下列報表，屬於對外報表的有（　　　）。
   A. 資產負債表　　　　　　　　B. 利潤分配表
   C. 現金流量表　　　　　　　　D. 商品產品成本表
   E. 主要產品單位成本表

任務二　編制資產負債表

【任務引入】

通過該項目任務一的學習，我們認識了會計報表，熟悉了其編制原則，知道了資產負債表是報表中最基本的一種。那麼在會計工作過程的第三環節——編制報表中，該如何編制資產負債表呢？資產負債表又能提供什麼信息呢？這些將是本次任務要解決的。

任務1：熟悉資產負債表的結構和內容。
任務2：掌握資產負債表的編制方法。
任務3：能夠編制簡單資產負債表。

【任務分析】

新東方有限責任公司成立後，經過一段時期的經營，它的財務實力有變化嗎？資產規模擴大了沒？如果擴大了，擴大到了多少？其中淨資產有增加嗎？負債又有什麼變化呢？還有，公司的短期償債能力如何？公司的財務實力狀況有變動嗎？其掌握的經濟資源及其結構及財務狀況的發展趨向又會怎樣呢？這些都是該公司非常關心的最基本的問題，也是其他會計信息使用者，比如新東方有限責任公司的供應商、債權人，外部投資者等所關注的。那麼在會計工作中，是通過什麼提供這些信息的呢？也就是提供該公司一特定日期的全部資產及其構成的財務狀況。答案是資產負債報表。

會計實務中，資產負債表都能提供哪些有用的會計信息呢？其包括的內容有哪些？又是根據什麼編制的？下面我們就帶著這些問題來學習和完成本次任務。

【相關知識】

資產負債表正表包括資產、負債和所有者權益三部分，是根據資產、負債和所有者權益類帳戶的餘額填列編制的。

一、資產負債表的結構和內容

資產負債表是反應企業某一特定日期財務狀況的會計報表。即反應企業在某一特定日期資產、負債及所有者權益構成情況的會計報表。屬於靜態報表。

資產負債表是依據會計等式「資產＝負債＋所有者權益」，按照一定的程序及規定的報表格式編制而成的。

資產負債表明了企業的財務實力狀況，通過它可以掌握企業所掌握的經濟資源及其結構，反應其償債能力和籌資能力、反應企業資金結構的變動情況及財務狀況的發展趨向。

（一）資產負債表的結構

資產負債表的結構有帳戶式和報告式兩種，中國資產負債表採用帳戶式格式。

1. 帳戶式：資產負債表分為左右兩方，按照「資產＝負債＋所有者權益」，左方列示企業所擁有的全部資產項目，右方列示企業的負債和所有者權益項目。格式如表6-1所示。

2. 報告式：資產負債表分為上下兩方，按照「資產－負債＝所有者權益」，上方列示資產項目，下方示負債和所有者權益項目，上下的合計數相等。格式略。

（二）資產負債表的內容

資產負債表一般由表首和正表兩部分內容構成，其中正表是主體，主要包括下列項目：

1. 資產項目：分為流動資產和非流動資產，且按資產的流動性由強到弱順序排列。
2. 負債項目：分為流動負債和非流動負債，且按負債的償還時間由長到短順序排列。
3. 所有者權益項目：包括實收資本、資本公積、盈餘公積和未分配利潤，且永久性程度高的排在前邊。

表 6-1　　　　　　　　　　　　　資產負債表

會企 01 表

編製單位：　　　　　　　　　　　年　月　日　　　　　　　　　　　　單位：元

資產	行次	期末餘額	年初餘額	負債和所有者權益（或股東權益）	行次	期末餘額	年初餘額
流動資產：		略		流動負債：		略	
貨幣資金	1			短期借款	32		
交易性金融資產	2			交易性金融負債	33		
應收票據	3			應付票據	34		
應收帳款	4			應付帳款	35		
預付帳款	5			預收帳款	36		
應收股利	6			應付職工薪酬	37		
應收利息	7			應交稅費	38		
其他應收款	8			應付利息	39		

表6-1(續)

資　產	行次	期末餘額	年初餘額	負債和所有者權益（或股東權益）	行次	期末餘額	年初餘額
週轉材料	9			其他應付款	40		
存貨	10			預計負債	41		
其中：消耗性生物	11			一年內到期的非流動負債	42		
一年內到期的非流動資產	12			其他流動負債	43		
其他流動資產	13			流動負債合計	44		
流動資產合計	14			**非流動負債：**			
非流動資產：				長期借款	45		
可供出售金融資產	15			應付債券	46		
持有至到期投資	16			長期應付款	47		
投資性房地產	17			專項應付款	48		
長期股權投資	18			遞延所得稅負債	49		
長期應收款	19			其他非流動負債	50		
固定資產	20			非流動負債合計	51		
在建工程	21			負債合計	52		
工程物資	22						
固定資產清理	23						
生產性生物資產	24						
油氣資產	25			所有者權益（或股東權益）：			
無形資產	26			實收資本（或股本）	53		
開發支出	27			資本公積	54		
商譽	28			盈餘公積	55		
遞延所得稅資產	29			未分配利潤	56		
非流動資產合計	30			所有者權益（或股東權益）合計	57		
資產總計	31			負債和所有權益者（或股東權益）合計	58		

會計主管：　　　　　　　　復核人：　　　　　　　　編表人：

二、資產負債表的編制方法

資產負債表各項目的金額分為年初餘額和期末餘額兩欄，其中：

「年初餘額」欄內各項金額，應根據上半年末資產負債表「期末餘額」欄內所列金額直接轉抄填列。

「期末餘額」欄內各項金額，應根據有關帳戶（總帳或明細帳）的期末餘額直接或經分析計算後填列。直接填列法就是將總帳或某些明細帳的期末餘額，直接填列在報表中的相應

項目上，報表中的絕大部分項目都採用這種方法填列；分析計算填列法就是對有關帳戶期末餘額進行分析，重新調整、計算後，填列在報表的有關項目中。具體填列方法如下：

1. 直接根據總帳的期末餘額填列。

例如，短期借款、交易性金融負債、應付票據、應付職工薪酬、實收資本、資本公積等大部分項目。

2. 根據幾個總帳的期末餘額合計計算填列。

例如，「貨幣資金」項目，根據「現金」「銀行存款」「其他貨幣資金」三個帳戶的期末餘額借方合計數填列。「存貨」項目，根據「原材料」「庫存商品」「發出商品」「週轉材料」等帳戶期末餘額合計數填列。

3. 根據有關明細帳的期末餘額計算填列。

例如，「應付帳款」項目，根據「應付帳款」和「預付帳款」總帳下所屬明細帳的期末貸方餘額合計數填列；「預付帳款」項目，根據「應付帳款」和「預付帳款」總帳下所屬明細帳的期末借方餘額合計數填列。類似的還有「應收帳款」和「預收帳款」項目。

4. 根據總帳和明細帳期末餘額計算填列。

例如，「長期應收款」項目，應當根據「長期應收款」總帳餘額，減去「未實現融資收益」總帳餘額，再減去所屬相關明細帳中將於一年內到期的部分填列。

5. 根據總帳與其備抵帳戶抵銷後的淨額填列。

例如，「固定資產」項目，根據「固定資產」帳戶的期末餘額減去「累計折舊」「固定資產減值準備」等科目期末餘額後的金額填列。

【技能訓練】

訓練目的：初步掌握企業資產負債表的編制原理及基本方法。
訓練要求：能夠編制簡單的資產負債表。
訓練資料：康健食品廠 2014 年 4 月 30 日各總分帳戶月末餘額，見本項目中任務三下的訓練資料三總分類帳。

根據上述資料完成任務：

據總分類帳戶的餘額編制 2014 年 4 月 30 日資產負債表。（年初數略）

資產負債表

會企 01 表

編製單位：　　　　　　　　　　年　月　日　　　　　　　　　　單位：元

資產	行次	期末餘額	年初餘額	負債和所有者權益（或股東權益）	行次	期末餘額	年初餘額
流動資產：			略	**流動負債：**			略
貨幣資金	1			短期借款	32		
交易性金融資產	2			交易性金融負債	33		
應收票據	3			應付票據	34		
應收帳款	4			應付帳款	35		
預付帳款	5			預收帳款	36		

表(續)

資產	行次	期末餘額	年初餘額	負債和所有者權益（或股東權益）	行次	期末餘額	年初餘額
應收股利	6			應付職工薪酬	37		
應收利息	7			應交稅費	38		
其他應收款	8			應付利息	39		
週轉材料	9			其他應付款	40		
存貨	10			預計負債	41		
其中：消耗性生物	11			一年內到期的非流動負債	42		
一年內到期的非流動資產	12			其他流動負債	43		
其他流動資產	13			流動負債合計	44		
流動資產合計	14			非流動負債：			
非流動資產：				長期借款	45		
可供出售金融資產	15			應付債券	46		
持有至到期投資	16			長期應付款	47		
投資性房地產	17			專項應付款	48		
長期股權投資	18			遞延所得稅負債	49		
長期應收款	19			其他非流動負債	50		
固定資產	20			非流動負債合計	51		
在建工程	21			負債合計	52		
工程物資	22						
固定資產清理	23						
生產性生物資產	24						
油氣資產	25			所有者權益（或股東權益）：			
無形資產	26			實收資本（或股本）	53		
開發支出	27			資本公積	54		
商譽	28			盈餘公積	55		
遞延所得稅資產	29			未分配利潤	56		
非流動資產合計	30			所有者權益（或股東權益）合計	57		
資產總計	31			負債和所有權益者（或股東權益）合計	58		

會計主管： 復核人： 編表人：

任務三　編制利潤表

【任務引入】

通過前面的學習，我們能夠編制簡單的資產負債表了，又知道了利潤表是也報表中最基本的一種。那麼在會計工作過程的第三環節——編制報表中，又該如何編制利潤表呢？利潤表又能提供什麼信息呢？這些將是本次任務要解決的。

任務1：熟悉利潤表的結構和內容。

任務2：掌握利潤表的編制方法。

任務3：能夠編制簡單利潤表。

【任務分析】

新東方有限責任公司成立後，經過一段時期的經營，它是盈利了還是虧損了？如果盈利了，利潤是多少？其中營業利潤是多少？營業外收支淨額又是多少？還有，該公司的獲利能力怎樣？以後的盈利趨勢又會有什麼變化？這些問題都是該公司非常關心的最基本問題，同樣，也是其他會計信息使用者，比如新東方有限責任公司的債權人、內部員工和外部投資者等所關注的。那麼在會計工作中，是通過什麼提供這些信息的呢？也就是提供該公司一定時期的利潤及其構成的經營成果狀況。答案是利潤報表。

會計實務中，利潤表都能提供哪些有用的會計信息呢？其包括的內容有哪些？又是根據什麼編制的？下面我們就帶著這些問題來學習和完成本次任務。

【相關知識】

利潤表正表主要包括營業收入、營業利潤、利潤總額和淨利潤幾部分，是根據損益類帳戶的發生額填列編制的。

一、利潤表的結構和內容

利潤表，是指反應企業在一定會計期間經營成果的報表。即反應企業在某一會計期間利潤及其構成情況的會計報表。屬於動態報表。

利潤表是根據「收入－費用＝利潤」的會計等式設計的，按照一定的程序及規定的報表格式編制而成的。利潤表表明了企業的利潤情況，通過它可以瞭解企業的經營成果以及盈虧形成情況，有助於評價企業管理者的經營業績，有助於進行獲利能力分析，有助於預測企業的未來收益能力及發展趨勢。

(一) 利潤表的結構

利潤表的結構有單步式和多步式兩種，中國利潤表採用多步式格式。

1. 單步式利潤表，是將一定會計期間的所有收入總額相加，所有費用、支出總額相加，兩者相減，一次計算出當前將損益（格式略）。

2. 多步式利潤表，是將一定會計期間不同性質的收入與其相應的費用、支出進行配比，按照營業利潤、利潤總額、淨利潤和每股收益的順序來分步計算財務成果，從而詳細地揭示

出企業的利潤形成過程。具體格式見表6-2。

表6-2　　　　　　　　　　　　　利　潤　表

會企02表

編製單位：　　　　　　　　　　　年　　月　　　　　　　　　　　　單位：元

項　目	行次	本期金額	上期金額
一、營業收入			（略）
減：營業成本			
稅金及附加			
銷售費用			
管理費用			
財務費用（收益以「-」號填列）			
資產減值損失			
加：公允價值變動淨收益（淨損失以「-」號填列）			
投資淨收益（淨損失以「-」號填列）			
二、營業利潤（虧損以「-」號填列）			
加：營業外收入			
減：營業外支出			
其中：非流動資產處置淨損失（淨收益以「-」號填列）			
三、利潤總額（虧損總額以「-」號填列）			
減：所得稅費用			
四、淨利潤（淨虧損以「-」號填列）			
五、每股收益：			
（一）基本每股收益		×	
（二）稀釋每股收益		×	

會計主管：　　　　　　　復核人：　　　　　　　編表人：

（二）利潤表的內容

利潤表一般由表首和正表兩部分內容構成，其中正表是主體，主要包括營業收入、營業利潤、利潤總額和淨利潤等項目，各項目間的關係如下：

1. 營業收入＝主營業務收入和其他業務收入；
2. 營業利潤＝營業收入－營業成本（主營業務成本、其他業務成本）－營業稅金及附加－銷售費用－管理費用－財務費用＋投資收益；
3. 利潤總額＝營業利潤＋營業外收入－營業外支出（或虧損總額）；
4. 淨利潤＝利潤總額－所得稅費用。

二、利潤表的編制方法

利潤表各項目的金額分為上期金額和上期金額兩欄，其中：

「上期金額」欄內各項金額，應根據上期利潤表的「本期金額」欄所列各項金額填列。如果上期利潤表規定的各項目的名稱和內容與本期不相一致，應對上期利潤表各項目的名稱和金額按本期規定進行調整再填列。

「本期金額」各項金額的填列，應根據損益類總帳戶本期發生額直接或經分析計算後填列，個別除外，如「投資收益」，具體方法如下：

1. 根據幾個損益類總帳的本期發生額合計計算填列，主要有「營業收入」和「營業成本」。

例如，「營業收入」，應根據「主營業務收入」和「其他業務收入」帳戶的發生額之和填列；「營業成本」，應根據「主營業務成本」和「其他業務成本」帳戶的發生額之和填列。

2. 直接根據有關損益類總帳的本期發生額填列。

例如，「稅金及附加」「銷售費用」「管理費用」「財務費用」「營業外收入和營業外支出」「所得稅費用」。

3. 注意，利潤表中投資收益的金額應根據「投資收益」帳戶的期末餘額填列，如為借方餘額，則表示投資損失，以「-」號列示。

除上述項目外，利潤表中的營業利潤、利潤總額和淨利潤項目的金額都是自己算出來填列的，如為虧損則以「-」列示。

【技能訓練】

訓練目的：1. 初步掌握企業利潤表的編制原理及基本方法。
訓練要求：1. 能夠編制簡單的利潤表。
訓練資料：康健食品廠 2014 年 4 月份各損益帳戶本期發生額，見本項目中任務三下的訓練資料三登記的總分類帳。

根據上述資料完成任務：

據損益帳戶本期發生額編制 2014 年 4 份利潤表（上期金額略）。

利潤表

會企 02 表

編製單位：　　　　　　　　　　年　　月　　　　　　　　　　單位：元

項　目	行次	本期金額	上期金額
一、營業收入			（略）
減：營業成本			
稅金及附加			
銷售費用			
管理費用			
財務費用（收益以「-」號填列）			
資產減值損失			
加：公允價值變動淨收益（淨損失以「-」號填列）			
投資淨收益（淨損失以「-」號填列）			

表(續)

項目	行次	本期金額	上期金額
二、營業利潤（虧損以「-」號填列）			
加：營業外收入			
減：營業外支出			
其中：非流動資產處置淨損失（淨收益以「-」號填列）			
三、利潤總額（虧損總額以「-」號填列）			
減：所得稅費用			
四、淨利潤（淨虧損以「-」號填列）			
五、每股收益：			
（一）基本每股收益		×	
（二）稀釋每股收益		×	

會計主管：　　　　　　復核人：　　　　　　編表人：

【項目總結】

　　本項目是按照完成會計工作過程的第三環節——編制報表中的各項任務設計的。即為了總括地反應會計主體某一特定日期的財務狀況和一定時期的經營成果狀況，必須通過編制會計報表來提供。編制會計報表，這個環節是會計工作過程（會計循環）的終點，也是對一個階段會計工作的總結。

　　在這個環節，我們介紹了最基本的兩個會計報表——資產負債表和利潤表，要求學生在掌握了其基本會計知識後，能熟練獨自完成兩個報表的編制任務，以使掌握編制報表這一環節的基本操作技能，即能夠編制簡單的資產負債表和利潤表。

【項目綜合練習】

訓練目的：初步掌握企業資產負債表、利潤表的編制原理及基本方法。
訓練要求：能夠編制簡單的資產負債表和利潤表。
訓練資料：1. 康健食品廠2014年3月31日各總分類帳戶月末餘額，見本項目中任務三下的訓練資料四總分類帳。

　　2. 康健食品廠2014年3月份各損益帳戶本期發生額及總分帳戶月末餘額，見本項目中任務三下的訓練資料四登記的總分類帳。

　　根據上述資料完成任務：

　　（1）據總分類帳戶的餘額編制2014年3月31日資產負債表（年初數略）。

　　注意：根據資產類、負債類、所有者權益類總帳帳戶餘額，進行試算平衡（將損益類帳戶本年累計借、貸方發生額合計之差額，即1—3月份累計借方、貸方發生額之差額，填入「未分配利潤」項目中）。

　　（2）據損益帳戶本期發生額編制2014年3份利潤表（上期金額略）。

資產負債表

會企 01 表

編製單位：　　　　　　　　　　年　月　日　　　　　　　　　　單位：元

資產	行次	期末餘額	年初餘額	負債和所有者權益（或股東權益）	行次	期末餘額	年初餘額
流動資產：			略	流動負債：			略
貨幣資金	1			短期借款	32		
交易性金融資產	2			交易性金融負債	33		
應收票據	3			應付票據	34		
應收帳款	4			應付帳款	35		
預付帳款	5			預收帳款	36		
應收股利	6			應付職工薪酬	37		
應收利息	7			應交稅費	38		
其他應收款	8			應付利息	39		
週轉材料	9			其他應付款	40		
存貨	10			預計負債	41		
其中：消耗性生物	11			一年內到期的非流動負債	42		
一年內到期的非流動資產	12			其他流動負債	43		
其他流動資產	13			流動負債合計	44		
流動資產合計	14			非流動負債：			
非流動資產：				長期借款	45		
可供出售金融資產	15			應付債券	46		
持有至到期投資	16			長期應付款	47		
投資性房地產	17			專項應付款	48		
長期股權投資	18			遞延所得稅負債	49		
長期應收款	19			其他非流動負債	50		
固定資產	20			非流動負債合計	51		
在建工程	21			負債合計	52		
工程物資	22						
固定資產清理	23						
生產性生物資產	24						
油氣資產	25			所有者權益（或股東權益）：			
無形資產	26			實收資本（或股本）	53		

表(續)

資產	行次	期末餘額	年初餘額	負債和所有者權益（或股東權益）	行次	期末餘額	年初餘額
開發支出	27			資本公積	54		
商譽	28			盈餘公積	55		
遞延所得稅資產	29			未分配利潤	56		
非流動資產合計	30			所有者權益（或股東權益）合計	57		
資產總計	31			負債和所有權益者（或股東權益）合計	58		

會計主管： 　　　　復核人： 　　　　編表人：

利潤表

編製單位： 　　　　年　　月

會企 02 表

單位：元

項目	行次	本期金額	上期金額
一、營業收入			（略）
減：營業成本			
稅金及附加			
銷售費用			
管理費用			
財務費用（收益以「−」號填列）			
資產減值損失			
加：公允價值變動淨收益（淨損失以「−」號填列）			
投資淨收益（淨損失以「−」號填列）			
二、營業利潤（虧損以「−」號填列）			
加：營業外收入			
減：營業外支出			
其中：非流動資產處置淨損失（淨收益以「—」號填列）			
三、利潤總額（虧損總額以「−」號填列）			
減：所得稅費用			
四、淨利潤（淨虧損以「−」號填列）			
五、每股收益：			
（一）基本每股收益		×	
（二）稀釋每股收益		×	

會計主管： 　　　　復核人： 　　　　編表人：

國家圖書館出版品預行編目(CIP)資料

基礎會計 / 惠亞愛 主編. -- 第一版.
-- 臺北市：財經錢線文化出版：崧博發行，2018.12
　面；　公分
ISBN 978-957-680-319-2(平裝)
1.會計學
495.1　107020006

書　名：基礎會計
作　者：惠亞愛 主編
發行人：黃振庭
出版者：財經錢線文化事業有限公司
發行者：崧博出版事業有限公司
E-mail：sonbookservice@gmail.com
粉絲頁　　　　　網　址：
地　址：台北市中正區延平南路六十一號五樓一室
8F.-815, No.61, Sec. 1, Chongqing S. Rd., Zhongzheng Dist., Taipei City 100, Taiwan (R.O.C.)
電　話：(02)2370-3310　傳　真：(02) 2370-3210
總經銷：紅螞蟻圖書有限公司
地　址：台北市內湖區舊宗路二段 121 巷 19 號
電　話:02-2795-3656　傳真:02-2795-4100　網址：
印　刷：京峯彩色印刷有限公司（京峰數位）

　　本書版權為西南財經大學出版社所有授權崧博出版事業有限公司獨家發行電子書及繁體書繁體版。若有其他相關權利及授權需求請與本公司聯繫。

定價：400元
發行日期：2018 年 12 月第一版
◎ 本書以POD印製發行